OPTIMIZATION DESIGN FOR DEEP WELL CASING PROGRAM
AND CASING STRENGTH IN COMPLEX FORMATION

复杂地层深井井身结构
与套管强度优化设计

管志川　廖华林　著

石油工业出版社

内 容 提 要

　　本书主要针对地层信息存在不确定性的复杂地质环境下对油气井工程设计中深井、超深井井身结构和套管柱强度问题进行了论述。主要内容包括：国内外深井、超深井井身结构对比，地层信息不确定条件下地层压力剖面的构建方法，套管层次及下入深度确定方法，井身结构风险评价，套管钻头系列优选，复杂井况条件下套管柱强度分析与计算，以及套管失效风险评价方法。

　　本书适合从事钻井工程设计与施工的技术人员参考，也可供石油工程相关专业师生与工程技术人员参考。

图书在版编目（CIP）数据

　　复杂地层深井井身结构与套管强度优化设计/管志川，廖华林著．

北京：石油工业出版社，2016.10

　　ISBN 978 - 7 - 5021 - 9017 - 0

　　Ⅰ．复…

　　Ⅱ．①管…　②廖…

　　Ⅲ．①深井 - 井身结构 - 设计

　　　　②超深井 - 井身结构 - 设计

　　　　③深井 - 套管柱 - 安全评价

　　　　④超深井 - 套管柱 - 安全评价

　　Ⅳ．①TE256　②TE925

　　中国版本图书馆 CIP 数据核字（2012）第 067890 号

出版发行：石油工业出版社

　　　　　（北京安定门外安华里 2 区 1 号　100011）

　　　　　网　址：www.petropub.com

　　　　　编辑部：(010) 64523712　图书营销中心：(010) 64523633

经　　销：全国新华书店

印　　刷：北京中石油彩色印刷有限责任公司

2016 年 10 月第 1 版　2016 年 10 月第 1 次印刷

787×1092 毫米　开本：1/16　印张：11

字数：280 千字

定价：51.00 元

前　　言

　　深层油气资源是我国国家油气发展的重大领域之一，在《国家中长期科学和技术发展规划纲要（2006—2020）》中明确指出：重点开发复杂环境与岩性地层类油气资源勘探技术，大规模低品位油气资源高效开发技术，大幅度提高老油田采收率技术，深层油气资源勘探开采技术。随着油气资源发展战略的实施，我国深井、超深井的数量越来越多，而且深度越来越深。由于深部地层地质构造复杂，地层信息存在较多不确定性，钻井施工中经常遇到如高温高压层、高压盐水及盐膏层、多套压力体系并存、裂缝及溶洞性地层等地质问题以及由此引起的井漏、井涌、井壁坍塌、卡钻、套管挤毁等工程问题。从而造成深井、超深井勘探开发过程中，钻井井下复杂事故多、钻井工程风险大、周期长、成本高。工程实践表明，合理的井身结构设计和安全可靠的套管强度设计是保障钻井过程安全、高效的关键基础之一。如何在地层信息存在较多不确定性的复杂地质条件环境下，获取地层信息的不确定性定量描述结果，制定有利于安全、高效钻井的工程设计方案，准确地评价钻井施工过程中的工程风险并给出风险提示，建立合理的井身结构设计方法和套管柱安全可靠性评价技术，并给出相应的技术对策，一直是钻井工程领域尤其是复杂地层深井、超深井钻井工程中的重要需求。

　　自 1997 年以来，由管志川教授带领的课题组结合陆续承担的中国石油天然气总公司"九五"攻关课题"新疆油田深井超深井钻井技术研究"专题"准噶尔盆地合理井身结构与泥浆密度的研究"、"复杂地质条件下深井、超深井钻井技术研究"课题的子专题"适合塔里木复杂地质条件下深井超深井钻井的套管、钻头系列优选研究"（合同编号：2097070309），国家863 项目"超深井钻井技术研究"（2006AA06A19）子专题"超深井复杂地质条件下井身结构优化与套管柱优化设计"，国家 863 课题"深水钻完井关键技术"（2006AA09A106）专题"深水井身结构优化设计技术"，国家安全生产监督管理总局课题"高含硫气井风险评价与井喷控制技术研究"（07 - 06B - 01 - 04 - 02）专题"高含硫气田井身结构设计方法及安全评价技术"，国家科技支撑计划课题"三高气田钻完井安全技术规范及应用"（2008BAB37B06）专题"三高气田钻完井关键技术的安全评价指标的建立"，国家 973 课题"深井复杂地层钻井设计平台与风险控制机制"（2010CB226706），中国石化石油勘探开发研究院课题"西部超深井系列化井身结构及配套技术研究"，中国石油新疆油田分公司"莫深 1 井钻井管柱安全可靠性分析研究"和中国石化胜利油田"胜科 1 井钻井管柱安全可靠性分析研究"等十多个项目或课题的研究，围绕深井、超深井井身结构优化设计与套管安全可靠性评价开展了十余年的技术攻关。通过不断的探索和积累，基本形成了深井、超深井井身结构优化设计及套管柱强度安全可靠性分析技术，为解决国内有重要影响的深井、超深井钻井设计与施工过程中存在的问题提供了有力的支撑。

　　本书是课题组近年来研究工作的总结，前后参加该研究工作的有多位老师、博士和硕士研究生，包括史玉才、宋洵成、柯珂、窦玉玲、苏堪华、万立夫、魏凯、赵效锋、龙刚、闫科举、李猛、孙连伟、江梦娜、谭树志、傅盛林、赵廷峰等，还有多位研究人员和本科生也参加了有关研究工作，在此，对他们为本书做出的贡献表示衷心的感谢！

由于深井超深井钻井涉及面广，影响因素众多而复杂，井身结构优化设计与套管柱强度安全可靠性评价又是一个涉及地质、油藏、采油、钻井、完井及材料领域等多学科交叉的技术，我们的研究和应用还只是其中一小部分，很多问题还远未解决，还需要继续深入研究，不断拓展应用。由于作者水平以及调研和掌握的资料所限，书中难免存在一些错误、不足和不够全面的地方，敬请批评指正。

目　　录

第一章　国内外深井、超深井井身结构对比分析与评价

对深井、超深井的界定，在国内外不同手册和资料上有不同的定义。在我国一般把井深4500～6000m的井定义为深井，井深超过6000m的井定义为超深井，井深超过9000m的井定义为特超深井。

井身结构（有时也称为套管程序）是指油气井在设计时或完井后的基本空间形态，主要内容包括套管的层次和每层套管的下入深度，每层套管的注水泥返高以及套管和井眼尺寸的配合等。井身结构设计就是根据油气井所在的区域地质条件、现有技术装备条件、钻井目的、安全要求和工程技术要求等，合理确定以上主要内容。它是钻井工程设计的基础，不仅关系到钻井技术经济指标和钻井工作的成效，也关系到生产层的保护、产能的维持和油气井的寿命。

第一节　国外深井、超深井井身结构分析

深井钻井在国外已经有了70多年的历史，其中，美国是世界上深井钻井历史最长、工作量最大（累计占全球的85%以上）、技术水平最高的国家。1938年，美国钻成了第一口井深为4573m的深井，1949年钻成了第一口井深为6254.80m的超深井，1972年又钻成了第一口井深为9159m的特深井。1984年，苏联钻成了世界上最深的特深井 KL-3 井（12260m），1991年，侧钻至12869m。

钻头用量和建井周期是衡量深井、超深井钻井技术的主要指标，美国深井平均井深约为5100～5200m，平均每口井的钻头用量由20世纪80年代的35只下降到90年代初期的22只，每只钻头的平均进尺已达到230m，而1992年世界各国（平均井深5099m）平均单井钻头用量和单只钻头进尺分别为26只和199m。在80年代中期，美国钻5000m左右深井约需90d，钻5500m左右深井约需110d，钻6000m超深井约需140d，钻7000m超深井约需7～10个月，井下复杂情况所占时间为5%～15%。在90年代，美国在复杂地质条件下所钻成的5口井深7500m左右超深初探井，其完井周期最短的不到一年，最长也不到两年。

分析国外深井、超深井的套管、钻头系列，主要有以下几个特点：

（1）开钻井眼直径大，导管和表层套管尺寸大。

在国外深井、超深井钻井中，常采用较大开钻井眼，导管和表层套管尺寸较大。国外的大多数深井及超深井都采用一层或两层较大尺寸的导管来封隔疏松表层，常用的导管尺寸有$\phi508mm$、$\phi609.6mm$、$\phi660.4mm$、$\phi762mm$、$\phi914.4mm$、$\phi1066.8mm$等，最大到$\phi1219.2mm$。随着内径大于508mm的高压防喷器的正常使用，许多深井、超深井都采用了较大尺寸的表层

套管。

上部井眼采用大尺寸套管结构的优点：

①可以选择多层技术套管封隔多套不同压力系统的复杂地层，确保安全钻井。

②给下部井段套管及钻头尺寸的选择留有充分的余地，在遇到井下复杂情况时有调整的余地，可多下一层技术套管，或按地质要求加深井眼等。

③下部井眼可采用较大尺寸钻头钻进，有利于优化钻井、取心作业、打捞落鱼及下套管固井施工等。

④可采用较大井眼完井，下入ϕ178mm 或 ϕ139.7mm 套管或尾管，有利于开采和井下作业。

采用大尺寸导管和表层套管的缺点是套管费用和钻头费用比较高。但国外实践证明，在较大井眼内下入较大尺寸的导管和表层套管，通常不会明显增加综合成本，这些费用在以后，特别是在较深部井眼的作业中能得到补偿。

（2）最终井眼尺寸较大，小井眼钻井较少。

在国外深井、超深井钻井中，在总井深处常采用较大井眼尺寸。如得克萨斯 L. M. Magoun 1 井、路易斯安那 Hutfman Mc Neely 1 号井、阿联酋库夫 1～4 号井、加利福尼亚 934 - 29R 井等完钻井眼尺寸都为 ϕ215.9mm，下入 ϕ178mm 套管或尾管完井。拉丁美洲和墨西哥湾的深井、超深井一般采用 ϕ193.7mm 目的层套管的设计。大多数 ARCO 油气公司南区勘探井的套管程序都保持在总深度的最小井眼尺寸为 ϕ193.7mm，允许下入最小直径为 ϕ127mm 的油层套管。

采用较大完钻井眼尺寸（ϕ215.9mm 或更大）具有以下优点：

①全井都能用 ϕ127mm 或更大尺寸钻杆钻进，可使用性能合适的配套钻井设备及工具，使水力、钻头类型等钻井参数得以优化，钻具扭断和钻杆扭断机械事故大大减少。

②有利于取心作业、打捞作业和生产测试等。

③井身结构留有一定的余地，在遇到较大的钻井问题时可以多下一层套管柱。

（3）采用下无接箍套管、随钻扩孔和膨胀管技术增加套管层数。

在有多个压力系统存在的复杂地质条件下，保障达到钻探目的的基本手段是增多下入的套管层数，以封隔多套可能引起复杂情况或事故的复杂地层。但是，受地面设备、井下工具及管材的限制，往往不可能下更大直径的套管至设计深度，因此靠增大套管尺寸来增多套管层次的方法常常是行不通的，亦使钻井成本明显增大。

国外在复杂深井、超深井钻井中，经常采用下无接箍套管并缩小相邻套管柱间隙的办法来增多下入的套管层数，应用最多的典型方案有：

①在 ϕ339.7mm 和 ϕ244.5mm 套管之间增下一层 ϕ298.5mm 无接箍中间尾管，使用 ϕ241.3mm × ϕ311.2mm × ϕ355.6mm 偏心钻头钻 ϕ298.5mm 套管段，用 ϕ250.8mm × ϕ311.2mm 偏心钻头钻 ϕ244.5mm 套管段。

②在 ϕ244.5mm 和 ϕ139.7mm 之间增下一层 ϕ193.7mm 无接箍中间尾管。这样既增加了套管层数，又避免使用更大直径的套管，大大降低了钻井作业风险和成本。

（4）采用较小的套管—井眼间隙，缩小上部井眼，增大下部井眼。

钻井实践已证明，ϕ212.7mm～ϕ241.3mm 是理想的钻头尺寸，主要是因为：

①钻头的轴承相对较大，钻头寿命长。

②可以使用标准钻铤组合提供足够的钻压，获得满意的转速，钻进速度快。

③可以使用常规 127mm 钻杆常用配套工具。

④钻柱与井眼的环隙比较合适，有利于井眼净化和提高钻头水功率。

因此，在设计井眼几何形状时，尽可能让更多的井段使用 ϕ212.7mm ~ ϕ241.3mm 钻头钻进。ϕ311.2mm 以上大尺寸井眼的钻进效率较低，钻头的选择范围也比较窄，成本较高。对于上部大井眼，在选择范围内，应尽量选用小尺寸的标准钻头。

钻井界对 ϕ152.4mm 及以下的小井眼钻井存在争议，主要是因为由于钻小井眼的目的之一是降低钻井成本，但从现场实践情况看，往往是不成功的，原因很多：

①较小的牙轮钻头轴承小，寿命低，效率低，由于这些钻头的需求量少，钻头供应和型号选择都受到限制。

②与常规尺寸的牙轮钻头相比，钻速低（仅为常规钻头的20%），掉牙轮次数多，起下钻时间增多。

③小井眼钻具尺寸小（ϕ73mm 或更小），管壁薄，强度低，容易冲蚀或扭断。

④小井眼钻具组合的内径小，水力摩阻损失大，钻头获得的水功率小。提高泵压将增加刺漏和损坏泵的风险。

⑤在小井眼内进行取心、测试、打捞等井下作业极其困难。

基于以上问题的考虑，国外在深井、超深井钻井中经常采用小间隙的套管—井眼尺寸配合，以避免过大或者过小的井眼尺寸。采用小间隙的套管—井眼尺寸配合，可明显减小上部井眼尺寸和增大最终井眼尺寸，达到降低钻井成本的目的。表 1-1 和表 1-2 列出了国外通常采用的套管与井眼尺寸配合关系。

表 1-1　国外通常采用的套管与井眼小间隙配合

套管尺寸（in❶）	钻头尺寸（in）	管体—井眼间隙（mm）	外层套管尺寸（in）
24	26	25.4	30
20	22	25.4	24
16	17½ ~ 18½	19.0 ~ 31.7	18⅝ ~ 20
13⅝	14¾	14.3	16
10¾	12¼	19.0	13⅜
9⅝	10⅝	12.7	11¾
8⅝	9½	11.1	10⅝
7⅝	8½	11.1	9⅝
7	8⅜	17.5	9⅝
6⅝	7½ ~ 7⅞	11.1 ~ 12.7	8⅝
5½	6½	12.7	7⅝
5	5⅞	11.1	6⅝ ~ 7

❶　1 in = 25.4 mm

表 1-2　API 推荐套管—井眼尺寸配合关系

套管规范					推荐的最大钻头直径	
套管外径（in）	接箍外径（in）	名义质量（lb/ft）	套管内径（in）	API 通径（in）	牙轮钻头（in）	固定齿钻头（in）
4.500	5.000	9.50	4.090	3.965	$3\frac{7}{8}$	$3\frac{7}{8}$
4.500	5.000	10.50	4.052	3.927	$3\frac{7}{8}$	$3\frac{7}{8}$
4.500	5.000	11.60	4.000	3.875	$3\frac{7}{8}$	$3\frac{7}{8}$
4.500	5.000	13.50	3.920	3.795	$3\frac{3}{4}$	$3\frac{3}{4}$
5.000	5.563	11.50	4.560	4.435	$4\frac{1}{8}$	$4\frac{3}{8}$
5.000	5.563	13.00	4.494	4.369	$4\frac{1}{8}$	$4\frac{1}{8}$
5.000	5.563	15.00	4.408	4.283	$4\frac{1}{8}$	4
5.000	5.563	18.00	4.276	4.151	$4\frac{1}{8}$	4
5.500	6.050	14.00	5.012	4.887	$4\frac{7}{8}$	$4\frac{3}{4}$
5.500	6.050	15.50	4.950	4.825	$4\frac{3}{4}$	$4\frac{3}{4}$
5.500	6.050	17.00	4.892	4.767	$4\frac{3}{4}$	$4\frac{3}{4}$
5.500	6.050	20.00	4.778	4.653	$4\frac{5}{8}$	$4\frac{5}{8}$
5.500	6.050	23.00	4.670	4.545	$4\frac{1}{2}$	$4\frac{1}{2}$
6.625	7.390	20.00	6.049	5.924	$5\frac{7}{8}$	$5\frac{7}{8}$
6.625	7.390	24.00	5.921	5.796	$5\frac{3}{4}$	$5\frac{3}{4}$
6.625	7.390	28.00	5.791	5.666	$5\frac{5}{8}$	$5\frac{5}{8}$
6.625	7.390	32.00	5.675	5.550	$5\frac{1}{2}$	$5\frac{1}{2}$
7.000	7.656	17.00	6.538	6.413	$6\frac{1}{4}$	$6\frac{1}{4}$
7.000	7.656	20.00	6.456	6.331	$6\frac{1}{4}$	$6\frac{1}{4}$
7.000	7.656	23.00	6.366	6.241	$6\frac{1}{8}$	$6\frac{1}{8}$
7.000	7.656	26.00	6.276	6.151	$6\frac{1}{8}$	$6\frac{1}{8}$
7.000	7.656	29.00	6.184	6.059	6	6
7.000	7.656	32.00	6.094	5.969	$5\frac{7}{8}$	$5\frac{7}{8}$
7.000	7.656	35.00	6.004	5.879	$5\frac{7}{8}$	$5\frac{7}{8}$
7.000	7.656	38.00	5.920	5.795	$5\frac{3}{4}$	$5\frac{3}{4}$
7.625	8.500	20.00	7.125	7.000	$6\frac{3}{4}$	$6\frac{3}{4}$
7.625	8.500	24.00	7.025	6.900	$6\frac{3}{4}$	$6\frac{3}{4}$
7.625	8.500	26.40	6.969	6.844	$6\frac{3}{4}$	$6\frac{3}{4}$
7.625	8.500	29.70	6.875	6.750	$6\frac{3}{4}$	$6\frac{3}{4}$
7.625	8.500	33.70	6.765	6.640	$6\frac{1}{2}$	$6\frac{1}{2}$
7.625	8.500	39.00	6.625	6.500	$6\frac{1}{2}$	$6\frac{1}{2}$

续表

套管规范					推荐的最大钻头直径	
套管外径 （in）	接箍外径 （in）	名义质量 （lb/ft）	套管内径 （in）	API通径 （in）	牙轮钻头 （in）	固定齿钻头 （in）
8.625	9.625	24.00	8.097	7.972	$7\frac{7}{8}$	$7\frac{7}{8}$
8.625	9.625	28.00	8.017	7.892	$7\frac{7}{8}$	$7\frac{7}{8}$
8.625	9.625	32.00	7.921	7.796	$7\frac{5}{8}$	$7\frac{5}{8}$
8.625	9.625	36.00	7.825	7.700	$7\frac{5}{8}$	$7\frac{5}{8}$
8.625	9.625	40.00	7.725	7.600	$6\frac{3}{4}$	$7\frac{1}{2}$
8.625	9.625	44.00	7.625	7.500	$6\frac{3}{4}$	$7\frac{1}{2}$
8.625	9.625	49.00	7.511	7.386	$6\frac{3}{4}$	$7\frac{3}{8}$
9.625	10.625	29.30	9.063	8.907	$8\frac{7}{8}$	$8\frac{3}{4}$
9.625	10.625	32.30	9.001	8.845	$8\frac{3}{4}$	$8\frac{3}{4}$
9.625	10.625	36.00	8.921	8.765	$8\frac{3}{4}$	$8\frac{3}{4}$
9.625	10.625	40.00	8.835	8.679	$8\frac{1}{2}$	$8\frac{1}{2}$
9.625	10.625	43.50	8.755	8.599	$8\frac{1}{2}$	$8\frac{1}{2}$
9.625	10.625	47.00	8.681	8.525	$8\frac{1}{2}$	$8\frac{1}{2}$
9.625	10.625	53.50	8.535	8.379	$8\frac{3}{8}$	$8\frac{3}{8}$
10.750	11.750	32.75	10.192	10.036	$9\frac{7}{8}$	$9\frac{7}{8}$
10.750	11.750	40.50	10.050	9.894	$9\frac{7}{8}$	$9\frac{7}{8}$
10.750	11.750	45.50	9.950	9.794	$9\frac{5}{8}$	$9\frac{5}{8}$
10.750	11.750	51.00	9.850	9.694	$9\frac{5}{8}$	$9\frac{5}{8}$
10.750	11.750	55.50	9.760	9.604	$9\frac{1}{2}$	$9\frac{1}{2}$
10.750	11.750	60.70	9.660	9.504	$9\frac{1}{2}$	$9\frac{1}{2}$
10.750	11.750	65.70	9.560	9.404	$9\frac{1}{4}$	$9\frac{1}{4}$
11.750	12.750	42.00	11.084	10.928	$10\frac{5}{8}$	$10\frac{5}{8}$
11.750	12.750	47.00	11.000	10.844	$10\frac{5}{8}$	$10\frac{5}{8}$
11.750	12.750	54.00	10.880	10.724	$10\frac{5}{8}$	$10\frac{5}{8}$
11.750	12.750	60.00	10.772	10.616	$10\frac{1}{2}$	$9\frac{7}{8}$
13.375	14.375	48.00	12.715	12.559	$12\frac{1}{4}$	$12\frac{1}{4}$
13.375	14.375	54.50	12.615	12.459	$12\frac{1}{4}$	$12\frac{1}{4}$
13.375	14.375	61.00	12.515	12.359	$12\frac{1}{4}$	$12\frac{1}{4}$
13.375	14.375	68.00	12.415	12.259	$12\frac{1}{4}$	$12\frac{1}{4}$
13.375	14.375	72.00	12.347	12.191	12	12
16.000	17.000	65.00	15.250	15.062	$14\frac{3}{4}$	$14\frac{3}{4}$

套管规范					推荐的最大钻头直径	
套管外径 （in）	接箍外径 （in）	名义质量 （lb/ft）	套管内径 （in）	API 通径 （in）	牙轮钻头 （in）	固定齿钻头 （in）
16.000	17.000	75.00	15.124	14.936	14¾	14¾
16.000	17.000	84.00	15.010	14.822	14¾	14¾
18.625	20.000	87.50	17.755	17.567	17½	17½
20.000	21.000	94.00	19.124	18.936	18½	18
20.000	21.000	106.50	19.000	18.812	18½	18
20.000	21.000	133.00	18.730	18.542	18½	18
20.000	21.000	169.00	18.376	18.188	18	18

国外比较典型的深井、超深井套管系列主要有以下几种：

（1）ϕ508mm×ϕ339.7mm×ϕ273mm×ϕ193.7mm×ϕ127mm。

该井身结构在美国西得克萨斯、俄克拉何马州等地区经常使用，这种套管结构用 ϕ273mm 和 ϕ193.7mm 套管代替 ϕ244.5mm 和 ϕ177.8mm 套管，其优点是可在下部井眼用 API 推荐的常规尺寸的较大钻头，套管和井眼之间有足够的间隙。

（2）ϕ762mm×ϕ660.4mm×ϕ508mm×ϕ406.4mm×ϕ273mm×ϕ193.7mm×ϕ127mm。

这是美国加利福尼亚州 943－29R 井（井深7745m）采用的井身结构，这种设计的主要目的是使全井都能用 ϕ127mm 钻杆及较大尺寸钻头钻进，以避免因水敏性页岩在水基钻井液中浸泡时间过长引起的井壁坍塌而造成钻具扭断等井下事故的发生。该套管程序与上述第一种套管结构相比，用 ϕ406.4mm 套管代替 ϕ339.7mm 套管，使下面的 ϕ273mm 套管段可以用较大尺寸的钻头钻进，套管和井眼的间隙增大到33.3mm，有利于套管下入和提高固井质量。这种套管程序的缺点是各层套管对应的钻头尺寸都是非标准的。

（3）ϕ762mm×ϕ508mm×ϕ406.4mm×ϕ301.6mm×ϕ250.8mm×ϕ196.8mm×ϕ139.7mm。

这种井身结构在美国怀俄明州 Madden 地区实践过。ϕ762mm 导管用来封隔淡水层；ϕ508mm 表层套管封隔浅水层；ϕ406.4mm 技术套管在钻入较高压力地层之前封隔较低压力地层；ϕ301.6mm 尾管封隔较高压力地层；ϕ250.8mm 尾管封隔极高压力地层之上的较低压力地层；ϕ196.8mm 尾管用来封隔较低压层段之上的较高压地层；ϕ139.7mm 尾管为生产套管。

该井身结构的主要特点是有 4 层中间套管，可以封隔 4 套不同压力系统的地层，缺点是 ϕ269.9mm、ϕ250.8mm、ϕ215.9mm 和 ϕ196.8mm 套管段的环空间隙较小，增加了下套管作业和固井施工难度。此外，所用 ϕ463.6mm、ϕ269.9mm、ϕ355.6mm 钻头为非 API 标准钻头尺寸的特制钻头。

（4）ϕ914.4mm×ϕ762mm×ϕ609.6mm×ϕ473.1mm×ϕ339.7mm×ϕ244.5mm×ϕ177.8mm×ϕ114.3mm。

这种井身结构的主要特点是套管尺寸大、套管层次多，可以封隔多个复杂地层。阿拉伯—美国石油公司在沙特阿拉伯钻库夫井时，有 6 个潜在漏失层和一个异常高压水层，采用这种多层套管结构，各井段都可以采用大尺寸钻具组合钻进，降低了钻井工程风险。

（5）$\phi609.6mm \times \phi406.4mm \times \phi339.7mm \times \phi244.5mm \times \phi193.7mm$。

德国 KTB 超深井采用该井身结构方案，有 3 层技术套管，可封隔 3 种不同压力系统的地层，且完钻井眼较大，可以用 $\phi215.9mm$ 钻头和 $\phi127mm$ 钻杆钻进。当考虑地质加深要求或遇到不利的井眼条件要求多下一层套管时，可以采用这种井身结构。该套管与钻头系列的缺点是套管与井眼之间的间隙比较小，需要较高的钻井工艺技术水平。

第二节　国内深井、超深井井身结构分析

国内深井钻井起步较晚，整个发展过程大致可分为 3 个阶段：

第一阶段是 1966—1975 年。1966 年 7 月 28 日我国第一口深井大庆松基 6 井（井深 4719m）完成，标志着我国钻井工作由打浅井和中深井发展到打深井的阶段。之后又相继在大港、胜利和江汉油田打成了 4 口超过 5000m 的深井，初步积累了深井钻井的经验，这是我国深井钻井的起步阶段。

第二阶段是 1976—1985 年。1976 年 4 月，我国第一口超深井四川女基井（井深 6011m）完成，标志着我国钻井工作由打深井进一步发展到打超深井。从 1976 年开始，我国每年都打深井（超深井），1985 年就完成了 29 口井。在这一阶段中，除完成 170 口深井外，还完成了 10 口超深井。其中，1977 年 12 月 4 日完钻的四川关基井（井深 7175m），把国内超深井钻井技术提高到一个新水平，也标志着中国跃入了世界钻井技术的先进行列，这是我国深井、超深井的初步发展阶段。

第三阶段是 1986—现在。这一阶段主要在塔里木盆地和川东地区勘探开发钻井，使我国深井、超深井钻井工作进入规模性应用的阶段。深井、超深井数量进一步增加，1986—1999 年共完成深井、超深井约 910 口，其中深井 882 口，超深井 38 口，平均年完成深井、超深井 70 口左右。2006 年 7 月 12 日，中国石化西北分公司部署的塔深 1 井成功钻至井深 8408m，被誉为当时陆地上"亚洲第一深井"，该井的钻探对于在塔里木盆地寻找古生界大型原生油气藏具有十分重大的意义。

目前，我国超深井常采用的井身结构及套管（钻头）序列为：$\phi660.4mm$（$\phi508mm$）× $\phi444.5mm$（$\phi339.7mm$）× $\phi311.15mm$（$\phi244.5mm$）× $\phi215.9mm$（$\phi177.8mm$）× $\phi149.2mm$（$\phi127mm$），这种套管结构包括 5 层套管：导管、表层套管、两层技术套管和一层目的层尾管。钻井实践证明，在地质条件不太复杂的地区该结构是适用的，但在复杂地质条件下，这种单一的井身结构及套管序列便存在局限性，主要是由于受钻头、管材、配套工具及设计思路等多方面的影响，不能完全满足复杂地层超深井钻井、完井要求，具体表现为：

（1）套管层次的限制。

超深井油层埋藏深，地质条件复杂，井下存在多套压力系统、高温、高压、井漏等复杂情况及其他不确定因素，而我国目前钻井施工过程中普遍采用的套管程序中只具有两层技术套管，可以封隔两套不同压力系统的地层，在遇到上述更多的不同压力系统的地层或复杂情况时，不得不提前下入油层套管，井眼尺寸也必须缩小一级，这不但给后期施工带来较大风

险，不能钻达目的层，而且还会影响后期的完井和采油作业。如西部新区的董 1 井、庄 1 井和中国石油施工的盆 2 井，都是因为出现上述情况被迫提前完钻。

（2）完井套管尺寸及环空间隙小。

若采用 $\phi127.0mm$ 的油层套管完井，在 $\phi149.2mm$ 的井眼内下入 $\phi127.0mm$ 的套管，接箍处间隙只有 4.0mm。套管与井眼的间隙小，再加上井下情况复杂（如高压层、缩径等），常常发生下套管遇阻或下不到预定的深度，固井质量难以保证，即使完成了固井作业，由于水泥环很薄，也难以保证层间足够的封隔能力。

（3）复杂条件下超深井采用小尺寸井眼完井不利于钻井、固井施工。

超深井钻井施工中，为满足地质加深、取心等作业的要求，井身结构需要预留一级。特别是在深部地层钻井施工危险性相对较大的情况下，钻井施工也尽量要求使用 $\phi212.7mm \sim \phi241.3mm$ 的钻头，这样可以采用 $\phi127.0mm$ 的钻杆钻进，以减少钻具事故的发生。但是，目前国内超深井施工中，却普遍采用 $\phi149.2mm \sim \phi152.4mm$ 的钻头钻进，下入 $\phi127.0mm$ 的尾管完井，这种井身结构下的小井眼不利于开采和井下作业，也不利于进一步加深钻进，更不利于安全钻井。

目前国内外井身结构设计方法正向系统工程的方向发展。运用系统工程的原理和方法优化井身结构设计是国内外的发展趋势，对于提高油田的勘探开发将发挥重要的作用。

（1）深井、超深井井身结构设计朝着与新技术、新产品（如随钻扩眼技术、膨胀管技术等）相结合的方向发展，二者呈现相互促进又相互制约的关系。井身结构设计的要求与革新一方面促进了新技术、新产品的研发与应用，另一方面又受到新技术、新产品工艺水平的限制。新技术、新产品的研发与应用能够大大推动井身结构设计的变革与应用。

（2）井身结构设计方法的基本思想是将井身结构设计涉及的方方面面构成一个系统，再根据系统工程的原理及方法，由压力平衡关系（地层孔隙压力、地层破裂压力和盐岩蠕变压力）、工程约束条件（垮塌井段、漏失井段和套管挤毁井段）、事故发生概率等相关因素，采用风险决策技术，进行合理井身结构设计。可以这样说，常规井身结构设计是一种局部井身结构设计与优化方法，而解决复杂地质情况的井身结构设计方法则是系统全面优化方法，从质与量两方面都是全新的概念。运用系统工程的原理和方法优化井身结构设计是国内外的发展趋势，对于提高油田的勘探开发将发挥重要的作用。

参 考 文 献

[1] 管志川，邹德永．深井、超深井套管与钻头系列分析研究 [J]．石油钻探技术，2000，28（1）：14 - 16.

[2] 管志川，李春山，周广陈，等．深井和超深井钻井井身结构设计方法 [J]．石油大学学报（自然科学版），2001，25（6）：42 - 44.

[3] 杨玉坤．非常规套管系列井身结构设计技术现状与在准噶尔盆地应用前景 [J]．钻采工艺，2002，28（2）：1 - 4.

[4] 李作会．膨胀管关键技术研究及首次应用 [J]．石油钻采工艺，2004，26（3）：17 - 19.

[5] 赵金洲，赵金海．胜利油田深井、超深井钻井技术 [J]．石油钻探技术，2005，33（5）：56 - 61.

[6] 侯喜茹，柳贡慧．井身结构设计必封点综合确定方法研究 [J]．石油大学学报（自然科学版），2005，

29（4）：52－55.

［7］ 唐志军. 井身结构优化设计方法［J］. 西部探矿工程，2005，109：78－79.

［8］ 刘绘新，张鹏，熊友明. 合理井身结构设计的新方法研究［J］. 西南石油学院学报，2004，26（1）：19－22.

［9］ 刘汝山，朱德武. 中国石化深井钻井主要技术难点及对策［J］. 石油钻探技术，2005，33（5）：6－10.

［10］ 周延军，贾江鸿，李真祥，等. 复杂深探井井身结构设计方法及应用研究［J］. 石油机械，2010，38（4）：8－29.

［11］ 管志川，柯珂，苏堪华. 深水钻井井身结构设计方法［J］. 石油钻探技术，2011，39（2）：16－21.

［12］ 巫谨荣，徐云英. 德国超深井钻井技术［J］. 世界石油工业，1995，2（11）：28－34.

［13］ Moritz J，Spoerker H F，Zistersdorf. The deepest well in Europe with a TD of 8533m（28061 ft）［R］. SPE/IADC 13486，1985.

［14］ Collins J C，Graves J R. The Bighorn No. 1－5：A 25，000－ft Precambrian Test in central Wyoming［R］. SPE 14987，1989.

［15］ Wisniewski J W，Tumlinson，V H. Unique drilling challenges at Danville［R］. SPE 27527，1994.

［16］ Roth E G，Payne M L，Leary M J. Deep offshore drilling case history of North Padre Island 960－#1［R］. SPE 16085，1987.

［17］ Turki W H. Drilling and completion of Khuff gas wells，Saudi Arabia［R］. SPE 13680，1985.

［18］ Shultz S M，Schultz K L，Pageman R C. Drilling aspects of the deepest well in California［R］. SPE 18790，1989.

［19］ Baker J W. Wellbore design with reduced clearance between casing strings［R］. SPE/IADC 37615，1997.

［20］ Patrick A W，Eric S K，Thomas T. Reducing drilling costs in deep－water Gulf of Mexico utilizing two piece drill out reaming technology［R］. IADC/SPE 67767，2001.

［21］ Philippe J. Innovative design method for deepwater surface casings［R］. SPE 77357，2002.

［22］ Robello S G，Adolfo G，Scot E，et al. Multistring casing design for deepwater and ultradeep HP/HT wells：a new approach［R］. IADC/SPE 74490，2002.

［23］ Fabio S N，Luis C B，Paulo A B. New well design using expandable screen reduces rig time and improves deep water oil production in Brazil［R］. SPE/IADC 79791，2003.

［24］ Cunha J C. Innovative design for deepwater exploratory wells［R］. IADC/SPE 87154，2004.

［25］ Poiate E，Costa AM，Falcao J L. Well design for drilling through thick evaporite layers in Santos basin—Brazil［R］. IADC/SPE 99161，2006.

第二章　地层信息不确定条件下压力剖面的构建

井身结构设计是钻井工程设计的基本组成部分，是保证安全经济钻遇目的层的重要因素。现有的井身结构设计方法，重点以地层情况和地层压力信息为参考数据进行套管层次及下深的确立，但是所依据的压力剖面均是确定性的单一曲线，从而使得其设计结果也是确定性的。对于大多数勘探井，尤其是深探井，邻井较少，所掌握的资料有限，因此对本井地层压力信息的了解程度有限，从而使得出的地层压力剖面具有一定的不确定性，若继续采用传统的确定性设计方法，其结果无法针对可能遭遇的不确定性情况进行评判、调整和优选，从而导致复杂钻井事故的发生。因此，需要研究地层压力信息不确定性的定量描述问题、地层压力信息存在不确定性条件下的套管层次及下入深度的确定方法问题、多种井身结构方案条件下的井身结构风险类型判别及风险概率评价问题，从而为深井井身结构的设计及设计方案的决策提供方法和依据。

第一节　地层上覆岩层压力的求取

上覆岩层压力梯度是求取各地层压力梯度的基础，某一深度地层的上覆岩层压力是指该深度以上地层岩石骨架和孔隙流体总重力产生的压力。用 p_o 表示：

$$p_o = \left\{ H_w g \rho_w + \int_0^H g \left[(1 - \phi) \rho_{ma} + \phi \rho_1 \right] \mathrm{d}h \right\} \times 10^{-3} \qquad (2-1)$$

式中　p_o——上覆岩层压力，MPa；

　　　H_w——海水深度（陆上为 0），m；

　　　ρ_w——海水密度，g/cm^3；

　　　H——计算点的垂直深度（由地表或海底泥线算起），m；

　　　ϕ——孔隙度，0～1；

　　　ρ_1——孔隙流体密度，g/cm^3；

　　　ρ_{ma}——岩石骨架密度，g/cm^3；

　　　g——重力加速度，9.81m/s^2。

上覆岩层压力梯度定义为单位深度增加的上覆岩层压力值，用 G_o 表示：

$$G_o = \frac{p_o}{H} = \frac{1}{H} \left\{ H_w g \rho_w + \int_0^H g \left[(1 - \phi) \rho_{ma} + \phi \rho_1 \right] \mathrm{d}h \right\} \times 10^{-3} \qquad (2-2)$$

式中　G_o——上覆岩层压力梯度，MPa/m。

通常假设上覆岩层压力随深度均匀增加，一般采用上覆岩层压力梯度的理论值 G_o 为 22.7kPa/m（这是基于假设岩石骨架的平均密度为 2.5g/cm³，平均孔隙度为 10%，流体密度为 1.0g/cm³ 计算出来的）。多年的实践表明，这种近似误差较大。实际上由于压实作用及岩性随深度变化，上覆岩层压力梯度并不是常数，而是深度的函数，而且不同地区，压实程度、地表剥蚀程度及岩性剖面也有较大差别，故上覆岩层压力梯度随深度的变化关系也不一定相同。实际应用时应根据本地区地层的具体情况来确定。

一、常规上覆岩层压力当量的确定方法

由定义可知，上覆岩层压力梯度主要取决于上覆岩层体密度随井深的变化。由于不同构造和地区压实程度不尽相同，所以上覆岩层压力梯度随深度的变化关系也不完全相同。因此，应该根据研究区的具体情况确定合理的上覆岩层压力梯度。

密度测井可以直观地反映地层压实的规律，可以获得比较真实的岩石体密度值。如果没有密度测井资料，也可以从声波测井曲线上计算岩石体密度，但是必须经过压实校正，然后通过对体密度积分求得上覆岩层压力。

利用密度测井资料确定上覆岩层压力梯度是最常用也是最为可靠的方法。密度测井资料受井径扩大的影响较大，尽管补偿密度测井对井径变化产生的影响进行了一定的补偿，但在选取密度测井资料时还是应尽可能选取井径较为规则的补偿密度资料，以保证原始密度测井资料的可靠性。另外，密度测井资料还受仪器可靠程度、泥岩蚀变等因素的影响，而目前对这些影响尚无法完全通过资料编辑与校正来解决，为获得比较可靠的密度数据，必须考虑采用合理的资料与处理方法。处理步骤如下：

（1）根据井径测井数据的变化，按照一定的相对偏差先将测井井段分为若干个子井段，在这些井段内可以忽略井径变化对密度测井资料的影响。

（2）去掉厚度小于设定值的子井段内的密度数据，同时去掉超出合理范围的密度数据。

（3）根据余下的密度数据的变化情况，按照一定的相对偏差先将井段分为若干个子井段。

（4）在每一个子井段求取密度平均值。

（5）参照井径测井资料，采用人工编辑的方法，消除那些受仪器可靠程度、泥岩蚀变等因素引起的不合理数据。

对前面处理好的密度散点数据进行等间距插值处理，然后采用以下公式计算上覆岩层压力梯度散点数据：

$$\rho_o = \frac{\rho_w H_w + \rho_a H_a + \sum_{i=1}^{n} \rho_{bi} \Delta H_i}{H_w + H_a + \sum_{i=1}^{n} \Delta H_i} \qquad (2-3)$$

式中　ρ_o——一定深度的上覆岩层压力当量密度，g/cm³；

　　　ρ_a——上部无密度测井地层段平均密度，g/cm³；

H_a——上部无密度测井地层段厚度，m；

ρ_{bi}——一定深度的密度散点数据，g/cm^3；

ΔH_i——深度间隔，m。

由测井密度散点数据或其他方法得出上覆岩层压力梯度数据后，应用时可以由深度数据直接插值求得上覆岩层压力梯度。但是，有时因钻井深度较浅或密度测井段较短等限制，往往不能获得浅部或深部无密度测井地层层段的上覆岩层压力梯度数据，这时需要将已有的数据回归为深度的函数以进行外推（向上或向下外推）。现有较为准确的拟合函数形式为：

$$\rho_o = A + BH - Ce^{-DH} \qquad\qquad (2-4)$$

式中　ρ_o——一定深度的上覆岩层压力当量密度，g/cm^3；

H——深度，km；

A，B，C，D——模型系数。

由于深水钻井过程中，上部无密度测井资料井段较大，若采用平均密度代入式（2-3）进行计算，不同的平均密度值会产生较大的差别，具有较大的不确定性。

下面以一口水深为1750m，井深为4600m的深水井为例，其有密度测井资料的井段为2590～4600m（图2-1），上部无密度测井资料井段达到了840m，其平均密度取 $1.8g/cm^3$、$1.9g/cm^3$、$2.0g/cm^3$、$2.1g/cm^3$ 时上覆岩层压力当量密度如图2-2所示，其拟合函数 [式（2-4）] 各参数值见表2-1。

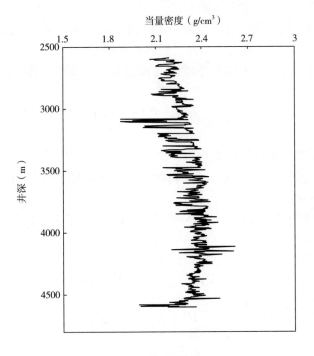

图2-1　密度测井曲线

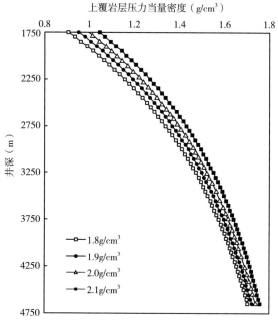

图 2 - 2　平均密度值不同时的上覆岩层压力当量密度

表 2 - 1　不同上部地层平均密度条件下拟合函数参数

上部地层平均密度（g/cm³）	A	B	C	D
1.8	1.5229	0.0562	2.6522	0.7467
1.9	1.5502	0.0538	2.5453	0.7423
2.0	1.5775	0.0515	2.4386	0.7375
2.1	1.6049	0.0491	2.3323	0.7467

从图 2 - 2 及表 2 - 1 可看出，对上部大段无密度测井资料井段采用不同平均密度值时，对整井段的地层上覆岩层压力当量密度会有较为明显的影响，并且平均值取值不当在泥线处的上覆岩层压力当量密度会小于海水密度，这与实际不符，需要进行修正。因此，采用直接估计平均密度的方法会产生较大的误差，需要作进一步的改进。

二、改进的上覆岩层压力当量密度确立方法

根据 Athy 提出的在正常沉积压实条件下孔隙度随压实程度和埋深的增加而降低的关系式：

$$\phi = \phi_0 e^{-AH} \qquad (2-5)$$

式中　ϕ——埋深为 H 时的孔隙度，%；

　　　ϕ_0——$H = 0$ 时岩层的孔隙度，%；

　　　A——压实系数。

再根据地层岩石体密度的表达式：

$$\rho_b = \rho_{ma}(1-\phi) + \rho_1\phi \tag{2-6}$$

式中　ρ_b——岩石体密度，g/cm^3；

　　　ρ_1——孔隙流体密度，g/cm^3。

将式（2-5）代入式（2-6）可得：

$$\frac{\rho_{ma}-\rho_b}{\rho_{ma}-\rho_1} = \phi_0 e^{-AH} \tag{2-7}$$

由于上部泥页岩正常沉积压实层段，岩石骨架密度和流体密度变化较小，可近似为常量，因此，式（2-7）可近似为岩石体密度 ρ_b 的函数，由此可得，在上部泥页岩正常压实层段，由式（2-7）知体密度的对数值与深度有如下线性关系：

$$\ln\rho_b = K_1 H + K_2 \tag{2-8}$$

式中　K_1——斜率；

　　　K_2——截距。

从而，可以根据有地层密度测井井段中正常压实段的体密度值，回归趋势线，然后由此外推出上部无密度测井资料层段的连续的体密度值。此时式（2-3）转变为：

$$\rho_o = \frac{\rho_w H_w + \frac{1}{K_1}\left[e^{K_1 H + K_2}\right]\Big|_{H_w}^{H_w+H_a} + \sum_{i=1}^{n}\rho_{bi}\Delta H_i}{H_w + H_a + \sum_{i=1}^{n}\Delta H_i} \tag{2-9}$$

通过式（2-9）求解出上覆岩层压力梯度，再按照式（2-4）函数连续化，即可得到连续的地层上覆岩层压力当量密度剖面，如图 2-3 所示。

上述方法在西非深海 Akpo、JDZ-1 区块（水深大于 1000m）的 Akpo-1 井、Akpo-2 井、Akpo-3 井、Obo-1 井以及安哥拉海域 Galio、Polutonio 油田（水深大于 400m）的部分井进行了应用，效果良好。

将深水计算结果和陆地及浅水相比，发现较大深度的海水对减少上覆岩层压力梯度计算拟合的误差有贡献作用，即水深越深，地层上覆岩层压力梯度曲线，与函数的拟合效果就越好，误差就越小。在水深较深时（大于 500m），根据上述改进方法拟合出的连续压力梯度函数的误差对于工程计算来说可以忽略不计。

三、上覆岩层压力梯度预测的层速度预测方法

对于初探井来说，由于缺乏邻井密度测井资料，无法通过上述方法进行上覆岩层压力当量密度的求取，因此只能通过别的方法进行体密度的求取。目前较为常用的上覆岩层压力当量密度的层速度预测经验公式为：

$$\rho_b = \rho_{ma} - 2.11 \cdot \frac{1-\dfrac{v_{int}}{v_{max}}}{1+\dfrac{v_{int}}{v_{min}}} \tag{2-10}$$

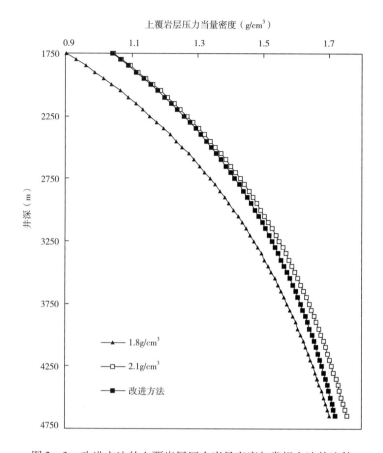

上覆岩层压力当量密度（g/cm³）

图 2 - 3　改进方法的上覆岩层压力当量密度与常规方法的比较

式中　v_{int}——层速度，km/s；

　　　　v_{min}——层速度最小值，一般为泥线处的层速度值，km/s；

　　　　v_{max}——层速度测量最大值，范围一般在 6485 ~ 7000km/s。

若预钻井具有较好的地震层速度资料，也可以按照式（2 - 11）和式（2 - 12）进行最大层速度值和最小层速度值的计算：

$$v_{max} = 1.4v_0 + 3KT \tag{2 - 11}$$

$$v_{min} = 0.7v_0 + 0.5KT \tag{2 - 12}$$

其中

$$v_0 = v_\sigma - KT_0$$
$$K = （v_\sigma - v_{\sigma 0}） / （T - T_0）$$

式中　v_σ，$v_{\sigma 0}$——分别表示 T 和 T_0 时刻的均方根速度；

　　　　T，T_0——分别为某一层底面和顶面的双程旅行时间。

式（2 - 10）在陆地或浅水钻井的上覆岩层压力当量密度预测中表现出很好的效果，与利用邻井密度测井资料计算结果具有较好的一致性。但是，在深水钻井中，水深对上覆岩层压力的影响较大，式（2－10）中 ρ_{ma} 取 $2.75\mathrm{g/cm^3}$，会使整个井段的上覆岩层压力具有较大的提升，产生误差，因此需要作进一步的修正。

根据上覆岩层压力随水深的变化关系，可以看出，随着水深的不断增加，泥线边界处的上覆岩层压力当量密度趋近于海水密度（如图2－4所示，图中海水密度取 $1.03\mathrm{g/cm^3}$）。对于深水井来说，如果水深超过 $500\mathrm{m}$，可以根据这一特点对层速度经验公式进行修正，得出合理的 ρ_{ma} 值：

$$\rho_{ma} = \rho_{sea} + 2.11 \cdot \frac{1 - \dfrac{v_{int}}{v_{max}}}{1 + \dfrac{v_{int}}{v_{min}}} \qquad (2-13)$$

式中　ρ_{sea}——海水密度，$\mathrm{g/cm^3}$。

然后再根据具有密度测井资料的改进方法进行上覆岩层压力的计算，得出连续的上覆岩层压力当量密度值。

以上述实例计算中的深水井为例，通过修正后的层速度方法进行计算，并将其结果与修正前和利用密度测井资料的结果进行比较（图2－5），发现具有良好的效果，可以较大地减小误差，得到较为准确的压力值。

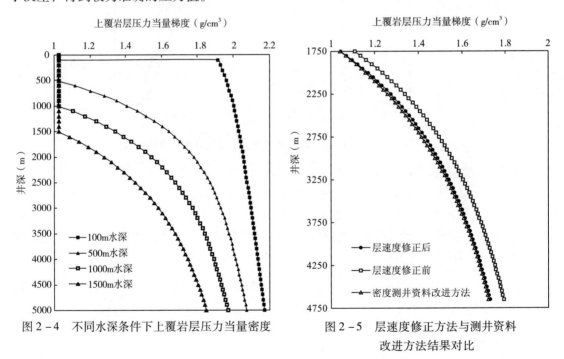

图2－4　不同水深条件下上覆岩层压力当量密度　　　图2－5　层速度修正方法与测井资料改进方法结果对比

第二节　含可信度的地层孔隙压力剖面建立

压力信息是进行井身结构设计的主要依据之一，精确的压力预测对井身结构设计十分有利，因此选择较为准确的压力预测方法十分重要。现有的压力预测方法主要分为基于压实趋势线的经验半经验方法和基于岩石力学模型和岩石物理学模型的方法，其得出的压力剖面均是单一的曲线。当所钻井为开发井或者评价井时，具有较多的可参考邻井的地层和测井资料以及较为丰富的岩石力学和物性参数的实验数据，采用岩石力学、物理学方法，能够准确地获取其力学、物理学模型中的各项参数，比采用经验半经验方法具有更高的精度，能对其地层及压力情况具有更为清晰的认识，具有更小的不确定性。但是，对于大多数勘探井，尤其是预探井来说，由于缺乏地层信息的相关资料，若采用经验半经验方法，其中的经验系数等参数难以确定，会给结果带来较大误差；若采用岩石力学、物理学方法，其模型中的诸多参数无法准确获取，仅凭经验主观臆断参数的具体数值，预测结果仍会存有较大的误差。因此，无论采用何种方法，其压力剖面都存有一定的不确定性，现有的单一压力曲线很难满足工程设计的要求。Nobuo Mortia、Sergio A. B. da Frontura 和 Q. J. Liang 等人提出，可通过利用概率统计理论对井壁稳定性、地层孔隙压力和钻井液密度的不确定性进行分析，使其不再是单一的数值，而是具有概率统计信息的区间，但是并没有提出其概率统计分布的具体确定方法，都是通过人为设定分布形式进行计算和分析，其结果具有较强的主观性。因此，重点应在于获得地层孔隙压力的变化范围，得到异常压力区间。实际经验表明，Eaton 和 Fillippone 方法在探井地层压力的预测和评价中具有较好的效果。在此，提出了结合这两种方法根据地震层速度资料计算含有可信度区间的地层孔隙压力的方法。

（1）上覆岩层压力当量密度和层速度的求取及计算。

上覆岩层压力计算结果的准确度和层速度质量的好坏直接关系到最后的计算精度，因此应该采用科学的层速度谱拾取和层速度计算方法，在没有密度测井资料的情况下，应根据岩性解释和层速度计算得出的孔隙度值对上覆岩层压力当量密度进行计算。

（2）直接预测法计算。

根据 Fillippone 方法，地层孔隙压力计算公式为：

$$p_p = \frac{v_{max} - v_{int}}{v_{max} - v_{min}} p_o \tag{2-14}$$

式中　p_p——预测的地层孔隙压力，MPa；

　　　v_{max}——孔隙度为零时岩石的声速，m/s；

　　　v_{min}——孔隙度为50%时岩石的声速，m/s；

　　　v_{int}——计算出的层速度，m/s；

　　　p_o——上覆岩层压力，MPa。

v_{min} 和 v_{max} 的取值相对较难确定，可以根据层速度剖面，根据上部泥页岩段建立正常压实趋势线，根据正常压实段的层速度值，试取 v_{min} 值代入式（2-15）反算 v_{max}，直至正常压实段的 v_{max} 值稳定在某一值附近为止。

$$v_{max} = \frac{p_o v_{int} - p_h v_{min}}{p_o - p_h} p_o \tag{2-15}$$

式中　p_h——静液压力当量密度，g/cm³，一般为 1.02 ~ 1.03g/cm³。

（3）应用 Eaton 公式反算 Eaton 指数 n 值。

Eaton 方法检测地层压力的公式为：

$$G_p = G_o - (G_o - G_h) \left(\frac{v_{in}}{v_n} \right)^n \qquad (2-16)$$

可得 Eaton 指数为：

$$n = \ln\left(\frac{G_o - G_p}{G_o - G_h} \right) \Big/ \ln\left(\frac{v_{in}}{v_n} \right) \qquad (2-17)$$

式中　G_p——地层孔隙压力梯度；

　　　G_o——上覆岩层压力梯度；

　　　G_h——静液压力梯度；

　　　v_{in}——计算点实测层速度值；

　　　v_n——计算点对应的正常趋势线的层速度值；

　　　n——Eaton 指数，与地区及地质年代有关。

通过采用直接预测法预测出来的压力值，代入到式（2-17）中，反算出 Eaton 指数。

（4）根据计算出的 Eaton 指数依据其数值的分布情况，选取均匀分布和正态分布中的一种对其进行拟合计算，得出 Eaton 指数的概率分布函数。

（5）根据 Eaton 指数概率分布状态，依据式（2-3）确定地层孔隙压力概率分布状态，根据式（2-16）可知当 $\frac{v_{in}}{v_n}$ 已知时，令 $T = \frac{v_{in}}{v_n}$，可认为 G_p 是 Eaton 指数 n 的函数，用 X 表示 Eaton 指数变量，x 表示 Eaton 指数变量产生的随机 Eaton 指数数值。用 y 表示变量 G_p，则可得 y 中的随机值为：

$$y = f(x) = G_o - (G_o - G_h) T^x \qquad (2-18)$$

其反函数为：

$$x = g(y) = \ln\left(\frac{G_o - y}{G_o - G_h} \right) \Big/ \ln T \qquad (2-19)$$

令 $C = \frac{1}{\ln T}$，对式（2-19）求导得：

$$g'(y) = \frac{-C}{G_o - y} \qquad (2-20)$$

通过 Eaton 变量 X 的分布状态可直接获得其概率密度函数 $p_X(x)$，通过概率基础理论，可以通过 Eaton 指数的分布求取地层压力的分布，从而不仅可以获得地层压力的分布状态，还可以获得其分布参数。其计算公式为：

$$p_Y(y) = \begin{cases} p_X[g(y)] \, |g'(y)|, & a < y < b \\ 0, & \text{其他} \end{cases} \qquad (2-21)$$

其中

$$a = f(x)_{min}$$
$$b = f(x)_{max}$$

①当 Eaton 指数呈均匀分布时，地层孔隙压力的概率密度函数为：

$$p_Y(y) = \begin{cases} \dfrac{|-C|}{n_{max} - n_{min}} \dfrac{1}{G_o - y}, & a < y < b \\ 0, & \text{其他} \end{cases} \qquad (2-22)$$

其中

$$a = f(x)_{min}$$
$$b = f(x)_{max}$$

②当 Eaton 指数呈正态分布时，地层孔隙压力分布函数为：

$$p_Y(y) = \begin{cases} \dfrac{-C}{(G_o - y)\,\sigma\,\sqrt{2\pi}} e^{-\frac{\left[C\ln(\frac{G_o - y}{G_o - G_h}) - \mu \right]^2}{2\sigma^2}}, & a < y < b \\ 0, & \text{其他} \end{cases} \qquad (2-23)$$

其中

$$a = f(x)_{min}$$
$$b = f(x)_{max}$$

由上可知，当 Eaton 指数呈正态分布时，其地层孔隙压力为对数正态分布。

（6）通过上述方法，对具有层速度值的每一深度处的地层孔隙压力进行计算，从而可以得到每一深度处的地层孔隙压力累积概率分布，再把不同深度处相同累积概率值的地层孔隙压力数据连接起来，即可得到含有可信度的地层孔隙压力剖面。

图 2 – 6 为根据某深井已有的层速度资料计算出的 Eaton 指数频率统计直方图和概率值，其为正态分布，采用矩法估计，可得其正态分布数学期望为 1.27，标准偏差为 0.1。

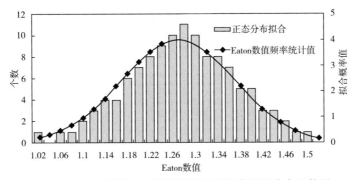

图 2 – 6　Eaton 指数直方统计图及拟合概率密度分布函数图

依据已经得到的 Eaton 指数概率密度分布函数，代入式（2 – 17）及式（2 – 23），即可以得到给定深度处地层孔隙压力的概率密度分布和累积概率分布，如图 2 – 7 所示。

将不同深度处的累积概率分别为 5% 和 95% 的压力数据连接起来，即得到累积概率为 5% 和 95% 的地层孔隙压力剖面，如图 2 – 8 所示。图中地层孔隙压力在 PP5 和 PP95 之间的概率为 90%，即由 PP5 和 PP95 组成的地层孔隙压力带的可信度为 90%，也就是说地层孔隙压力有 90% 的可能落在 PP5 和 PP95 组成的地层孔隙压力剖面中。同理，还可以得出可信度为 60% 的地层孔隙压力剖面，如图 2 – 9 所示。

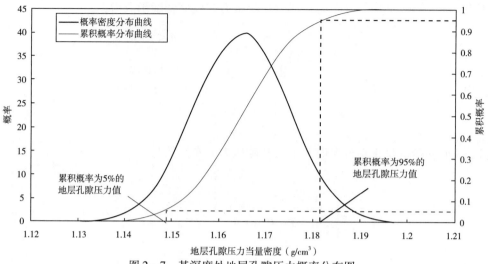

图 2-7　某深度处地层孔隙压力概率分布图

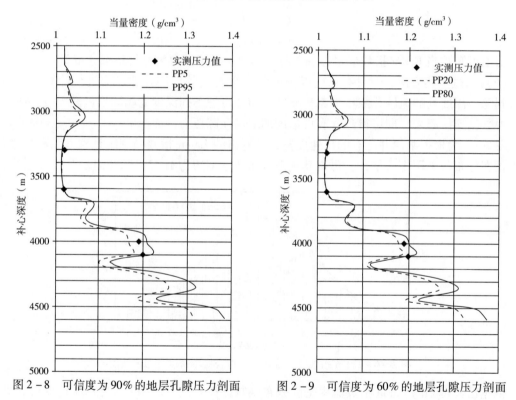

图 2-8　可信度为 90% 的地层孔隙压力剖面　　图 2-9　可信度为 60% 的地层孔隙压力剖面

　　从图 2-8 和图 2-9 对比中可以看出，根据实际情况可以确定所需要的可信度等级，可信度的取值要求越高（可信度越大），其压力带越宽，若压力带过宽对实际钻井设计将失去指导意义。因此，可以通过适当减小或降低可信度来缩小压力带宽度，使之对钻井工程设计具有指导意义或者有助于其他相关方案的确定。同时，由上可知，获得尽可能准确有效的地震速度，尽可能详细的岩性解释资料对提高可信度和缩小相同可信度条件下压力带的宽度有着重要的意义。

第三节 含可信度的地层坍塌压力和地层破裂压力剖面建立

一、目前常用地层坍塌压力及破裂压力计算模型

1. 地层坍塌压力的计算模型

目前较为常用的地层坍塌压力计算模型为假定地层渗透率非常小，且钻井液性能优良，基本上与地层不发生渗透流动，根据摩尔—库伦强度准则，其坍塌压力的计算公式为：

$$\rho_{\mathrm{c}} = \frac{\eta\ (3\sigma_{\mathrm{H}} - \sigma_{\mathrm{h}})\ - 2CK + \alpha p_{\mathrm{p}}\ (K^2 - 1)}{(K^2 + \eta)\ H} \times 100 \qquad (2-24)$$

其中

$$K = \cos\left(45° - \frac{\varphi}{2}\right)$$

式中　H——井深，m；

　　　φ——岩石内摩擦角，（°）；

　　　ρ_{c}——地层坍塌压力，用当量密度表示，g/cm^3；

　　　C——岩石的黏聚力，MPa；

　　　η——应力非线性修正系数；

　　　σ_{H}，σ_{h}——最大和最小水平地应力，MPa；

　　　α——有效应力系数（Biot 系数）。

若考虑地层的渗透作用，其计算公式为：

$$\rho_{\mathrm{c}} = \frac{\eta\ [\ (3\sigma_{\mathrm{H}} - \sigma_{\mathrm{h}})\ + (\xi - \phi_{\mathrm{p}})\ p_{\mathrm{p}}]\ + K^2 p_{\mathrm{p}} - 2CK}{(1 - \alpha + \phi_{\mathrm{p}})\ K^2 - [\ \xi - \phi_{\mathrm{p}} - 1 - \alpha]} \times \frac{100}{H} \qquad (2-25)$$

其中
$$\xi = \frac{2\ (1 - 2\mu)}{1 - \mu}$$

式中　μ——岩石泊松比；

　　　ϕ_{p}——地层孔隙度。

式（2-25）只代表井壁上该地层不允许有任何坍塌崩落的钻井液密度值，如果允许地层有一定的井径扩大率，这对某些易坍塌夹层有时是必要的，因为钻井液密度的设计要顾及裸眼段大部分地层的稳定性需要，对于少数强度低要求高密度钻井液来保持稳定性的地层，若情况不是很严重，也只好让其有些剥落掉块。设其井径扩大系数为 $\beta = r/r_{\mathrm{i}}$（r_{i} 为钻头半径，r 为井眼扩大处的半径），则允许有井径扩大系数为 β 时的钻井液密度公式为：

$$\rho_{\mathrm{c}} = \frac{\eta T - 2CK + \alpha p_{\mathrm{p}}\ (K^2 - 1)\ - QK^2}{\beta^2\ (K^2 + \eta)\ H} \times 100 \qquad (2-26)$$

其中

$$T = \frac{\sigma_{\mathrm{H}} + \sigma_{\mathrm{h}}}{2}\ (1 + \beta^2)\ + \frac{\sigma_{\mathrm{H}} - \sigma_{\mathrm{h}}}{2}\ (1 + 3\beta^4)$$

$$Q = \frac{\sigma_H + \sigma_h}{2}\left(1 - \beta^2\right) + \frac{\sigma_H - \sigma_h}{2}\left(1 - 4\beta^2 + 3\beta^4\right)$$

部分学者研究认为，坍塌压力可分为两种：一种是由于钻井过程中钻井液密度过低，井壁应力将超过岩石的抗剪强度而产生剪切破坏，此时的临界压力定义为坍塌压力；另一种是由于钻井液密度过高，井壁也会发生剪切破坏，发生坍塌掉块。用 p_{c1} 表示坍塌压力下限，p_{c2} 表示坍塌压力上限。其计算公式分别为：

$$p'_{c1} = \left(3\sigma_h - \sigma_H\right)\frac{1 - \sin\varphi}{2} + \alpha p_p \sin\varphi - C\cos\varphi \qquad (2-27)$$

$$p''_{c1} = \left[\sigma_v - 2\mu\left(\sigma_H - \sigma_h\right)\right]\frac{1 - \sin\varphi}{1 + \sin\varphi} - \frac{2C\cos\varphi}{1 + \sin\varphi} + \frac{2\alpha p_p \sin\varphi}{1 + \sin\varphi} \qquad (2-28)$$

$$p_{c1} = \max\left\{p'_{c1},\ p''_{c1}\right\} \qquad (2-29)$$

$$p'_{c2} = \left(3\sigma_h - \sigma_H\right)\frac{1 + \sin\varphi}{2} - \alpha p_p \sin\varphi + C\cos\varphi \qquad (2-30)$$

$$p''_{c2} = 3\sigma_h - \sigma_H - \left[\sigma_v - 2\mu\left(\sigma_H - \sigma_h\right)\right]\frac{1 - \sin\varphi}{1 + \sin\varphi} + \frac{2C\cos\varphi}{1 + \sin\varphi} - \frac{2\alpha p_p \sin\varphi}{1 + \sin\varphi} \qquad (2-31)$$

$$p_{c2} = \min\left\{p'_{c2},\ p''_{c2}\right\} \qquad (2-32)$$

2. 地层破裂压力的计算模型

地层破裂压力是由于井内钻井液密度过大使井壁岩石所受的周向应力超过岩石的抗拉伸强度而造成的。目前计算地层破裂压力主要分为两种情况，即将地层认为是可渗透的和不可渗透两种情况。

对于不可渗透地层，破裂压力计算公式为：

$$p_f = 3\sigma_h - \sigma_H - \alpha p_p + S_t \qquad (2-33)$$

对于可渗透地层：

$$p_f = \frac{3\sigma_h - \sigma_H - \left(\alpha\dfrac{2 - 3\mu}{1 - \mu} - \phi_p\right)p_p + S_t}{1 - \alpha\dfrac{1 - 2\mu}{1 - \mu} + \phi_p} \qquad (2-34)$$

式中　S_t——岩石抗拉强度。

二、地层破裂及坍塌压力的不确定性分析

在实际应用地层破裂压力和坍塌压力计算模型时，对于已钻井来说，可以通过各种测井资料，具备条件时还可以利用岩心室内实验数据，获取计算模型中所需的各种岩石力学参数和地应力结果；对于新井而言，如果是开发井，由于具有了较多相同或者相似构造、区块上的邻井，虽然本井的各项岩石参数无法获取，但是可以根据多口邻井的测井及岩心实验数据来估计；如果是探井，由于可参考的邻井资料较少甚至缺乏，对于新井坍塌及破裂压力的

预测就存有较大的不确定性。因此，对坍塌及破裂压力的计算模型进行不确定性方面的分析，获取模型中最为敏感的因素，从而有助于通过一定的方法和手段提高敏感因素的准确程度，而对于那些不敏感因素，则可以根据井眼或者已钻井的统计数据估计其范围，最终减小坍塌及破裂压力预测结果的不确定范围。

本书将通过两种方法研究计算模型各因素对结果的影响，一种为单因素分析方法，即只改变其中一种参数的数值，保持计算模型中其他参数不变，研究其对计算结果的影响；另一种方法为多因素模拟方法，即设定计算模型中的所有参数都在一定范围内按一定的规律变化，应用 Monte Carlo（蒙特卡罗）方法研究各因素和最终计算结果之间的相互关系，这样可以得出最为敏感的影响因素。

本书分析中坍塌压力 p_{c1} 的计算模型采用式（2-24）或式（2-25），并称之为非渗透和可渗透条件下地层坍塌压力下限，p_{c2} 采用式（2-32），称之地层坍塌压力上限，地层非渗透和可渗透条件下破裂压力的计算模型采用式（2-33）或式（2-34）。根据上述岩石力学参数、地应力及坍塌压力的计算方法，影响压力计算结果的因素包括：地层的渗透性、地应力、地层强度参数以及地层孔隙压力。以某一直井为例进行分析，其计算模型中的数据为：井深 H 为 2857m；岩性为泥岩（即为不渗透或低渗透），地应力当量密度 σ_H 为 2.72g/cm³，σ_h 为 1.82g/cm³，地层孔隙压力当量密度 ρ_p 为 1.2g/cm³，有效应力系数 α 为 0.4；岩石黏聚力 C 为 11.08 MPa，岩石内摩擦角 φ 为 19.8°，岩石抗拉强度 S_t 为 2MPa。计算出其坍塌和破裂压力当量密度分别为 ρ_{c1} 为 1.78g/cm³，ρ_{c2} 为 2.23g/cm³，ρ_f 为 2.32g/cm³。

1. 单因素分析

（1）地应力的影响。

地应力是造成井壁岩石产生剪切和拉伸破坏的根本力源，因此地应力的大小将直接影响地层的坍塌和破裂压力。地应力的单因素影响规律分析主要分为地应力非均匀性（两个水平地应力之间的比值，用 F 表示，$F = \dfrac{\sigma_H}{\sigma_h}$）和地应力大小两个方面。

图2-10（a）为非渗透条件下地应力非均匀性对地层坍塌及破裂压力的影响，可以看出地应力非均匀性越明显，坍塌压力下限值越大，破裂压力和坍塌压力上限越小，且变化趋势较为明显。图2-10（b）为非渗透地层条件下保持地应力非均匀性系数不变时地应力大小对破裂及坍塌压力的影响规律，可见，地应力值越大，破裂及坍塌压力越大，其中坍塌压力上限增加趋势最为明显。

（2）地层强度参数对坍塌及破裂压力的影响。

本书所应用的计算模型中使用的地层强度参数主要包括岩石抗拉强度、岩石内摩擦角、岩石黏聚力。图2-11（a）为岩石抗拉强度对地层破裂压力的影响，可见岩石破裂压力随岩石抗拉强度的增加而增加。图2-11（b）为岩石内摩擦角对底层坍塌压力的影响规律，其表明地层坍塌压力下限随岩石内摩擦角的增加而降低，而坍塌压力上限随着岩石内摩擦角的增加而增加。图2-11（c）为岩石黏聚力对地层坍塌压力的影响规律，其表明地层坍塌压力上限随岩石黏聚力的增加而有所上升，坍塌压力下限随岩石黏聚力的增加而降低。综上可知，岩石抗拉强度、内摩擦角和岩石黏聚力增大都能使钻井液密度窗口拓宽。

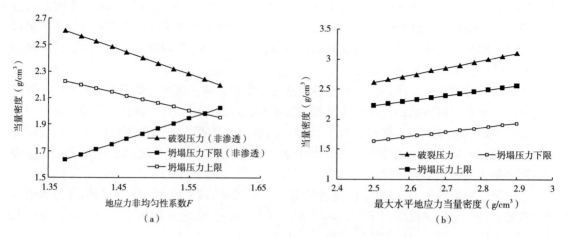

图 2 - 10　地应力对地层破裂及坍塌压力的影响规律

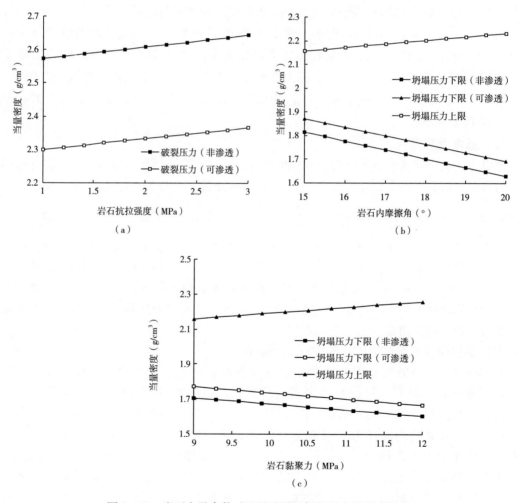

图 2 - 11　岩石力学参数对地层破裂及坍塌压力的影响规律

（3）地层孔隙压力对破裂及坍塌压力的影响。

如图 2-12 所示，无论是在可渗透还是在非渗透的地层条件下，地层破裂压力和坍塌压力下限均随着地层孔隙压力的增加而降低，而地层坍塌压力下限却随着地层孔隙压力的增加而上升。由图 2-12 可以看出，地层坍塌压力上限随地层孔隙压力的变化较破裂压力和坍塌压力下限更为平缓，影响并不明显。

（4）有效应力系数对破裂及坍塌压力的影响。

如图 2-13 所示，在地层可渗透和非渗透条件下，地层破裂压力和坍塌压力上限都随着有效应力系数的增加而增加，坍塌压力下限随着有效应力系数的增长而减小。并且，地层坍塌压力下限在可渗透地层环境下比不可渗透环境下变化得更为明显。

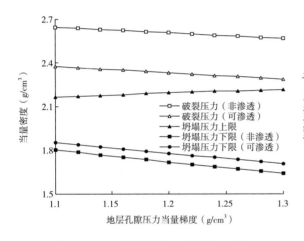

图 2-12　地层孔隙压力对地层破裂及　　　　　图 2-13　有效应力系数对地层破裂及
　　　　　坍塌压力的影响规律　　　　　　　　　　　　　坍塌压力的影响规律

（5）渗透性对地层坍塌及破裂压力的影响。

通过前几个影响因素的分析，当地层条件由非渗透或不可渗透转变为可渗透条件时，地层破裂压力和坍塌压力下限有所下降。图 2-14 为地层可渗透条件下，破裂压力和坍塌压力下限均随着地层孔隙度的增加而降低。

2. 多因素分析

地层破裂及坍塌压力的计算模型中各个参数都不是相互孤立的，而是互相紧密联系的，通过多因素分析可以寻求其中最为敏感的影响因素。本书利用蒙特卡洛模拟的方法，对计算模型中每个因素与最终计算结果的相互关系进行分析，具体步骤为：

（1）确定计算模型中每个参数的区间和分布状态。

此分析中每一个参数的数值不再是单一的数值，而是一个范围，每个参数在此范围内以一定的规律发生变化。本书模型中各参数的变化范围和分布状态见表 2-2。

（2）随机模拟计算。

根据表 2-2 的分布形式和分布参数，产生一定数量的随机数值，本例中每一参数的随机数个数为 15000。

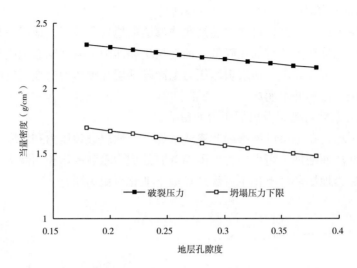

图 2 - 14　地层渗透性对地层破裂及坍塌压力的影响规律

表 2 - 2　计算模型各参数分布形式及分布参数

参数名称	分布形式	分布参数
最大水平主应力	正态分布 $N(\mu, \sigma^2)$	$\mu = 2.720$, $\sigma = 0.014$
最小水平主应力	正态分布 $N(\mu, \sigma^2)$	$\mu = 1.820$, $\sigma = 0.014$
有效应力系数	均匀分布 $U(a, b)$	$a = 0.260$, $b = 0.540$
岩石黏聚力	正态分布 $N(\mu, \sigma^2)$	$\mu = 11.080$, $\sigma = 0.020$
岩石内摩擦角	正态分布 $N(\mu, \sigma^2)$	$\mu = 19.800$, $\sigma = 0.021$
岩石抗拉强度	正态分布 $N(\mu, \sigma^2)$	$\mu = 2.00$, $\sigma = 0.17$
孔隙度	正态分布 $N(\mu, \sigma^2)$	$\mu = 0.180$, $\sigma = 0.0013$
泊松比	正态分布 $N(\mu, \sigma^2)$	$\mu = 0.250$, $\sigma = 0.03$
地层孔隙压力	正态分布 $N(\mu, \sigma^2)$	$\mu = 1.200$, $\sigma = 0.015$
构造应力系数	正态分布 $N(\mu, \sigma^2)$	$\mu = 0.260$, $\sigma = 0.021$

（3）相关性分析。

将上述产生的各参数的随机数值代入各类地层压力的计算公式中，则可得出相同个数的各类地层压力值。从而可以得出各参数和每种地层压力值之间的相互关系，发现各参数的敏感程度。图 2 - 15 至图 2 - 19 为每一种类型的地层压力与其计算模型中各参数的相互关系。

从图 2 - 15 至图 2 - 19 可以看出，地层最小水平主应力对于地层破裂和坍塌压力来说，无论地层是可渗透的还是不可渗透的，都是最为敏感的因素。其中，最小水平主应力对地层破裂压力和坍塌压力下限的敏感程度最为明显，其相关性最强；对地层坍塌压力上限而言，其相关性和最大水平主应力相当。

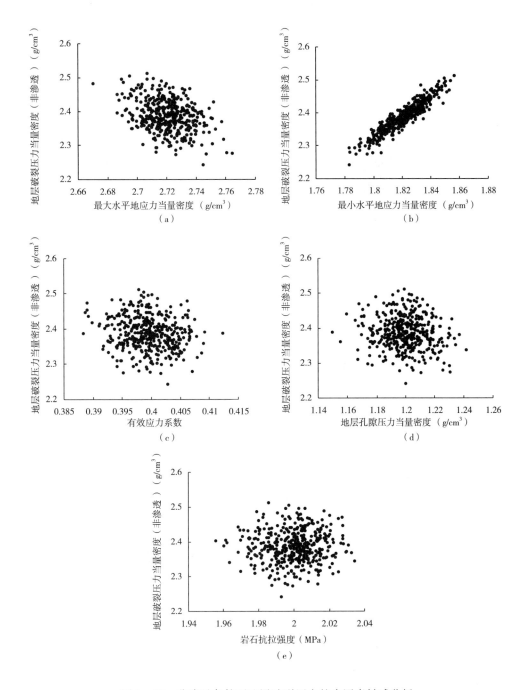

图 2-15 非渗透条件下地层破裂压力的多因素敏感分析

在实际的地层坍塌和破裂压力确定过程中，计算模型的各参数都很难做到精确，并用一个单一绝对的数值来表示，常常只能获得一个大致的范围。通过上述相关性分析，可知最小和最大水平主应力对坍塌和破裂压力最为敏感，因此，在坍塌和破裂压力的求取过程中，应尽量提高这两类参数的确定精度，减小其不确定性范围。

　　基于上述分析，为了提高最小和最大水平主应力的求取精度，减少其不确定性，必须对水平主应力计算模型中的各参数进行分析，得出最为敏感的参数，使得在求取过程中重点把握这些参数，减小其值的变化范围。

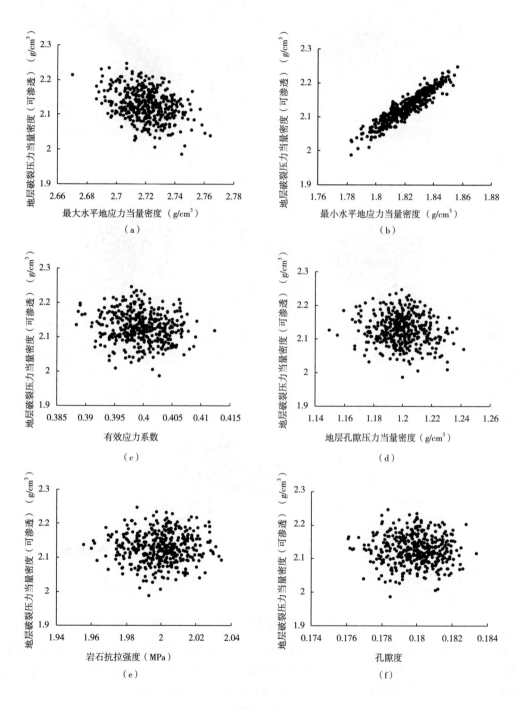

图 2 – 16

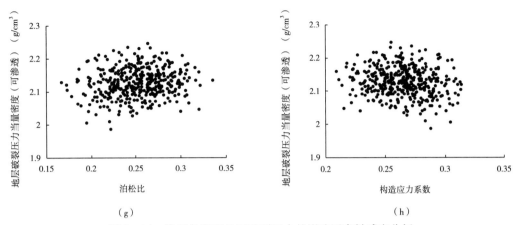

（g）　　　　　　　　　　　　　　　　　（h）

图 2 - 16　渗透条件下地层破裂压力的影响因素敏感度分析

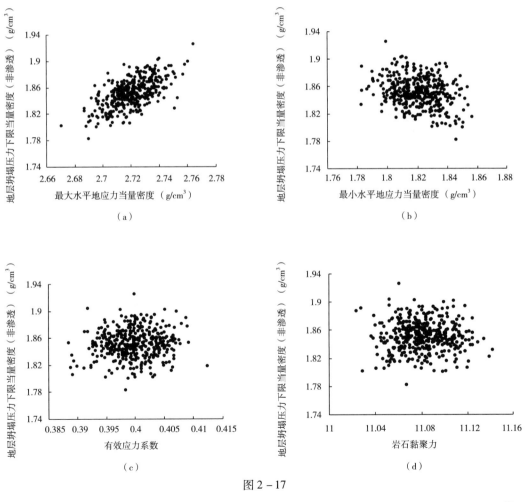

图 2 - 17

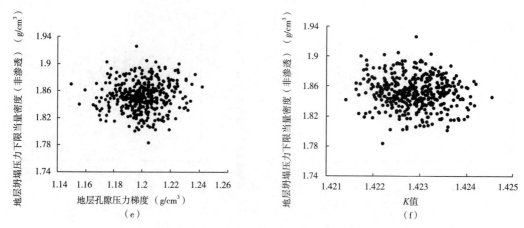

图 2 - 17 非渗透条件下地层坍塌压力下限的影响因素敏感度分析

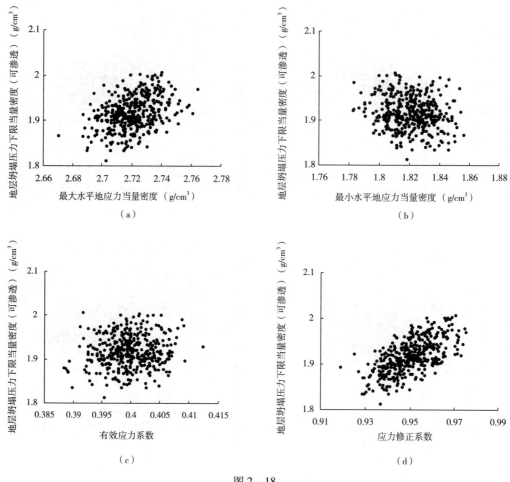

图 2 - 18

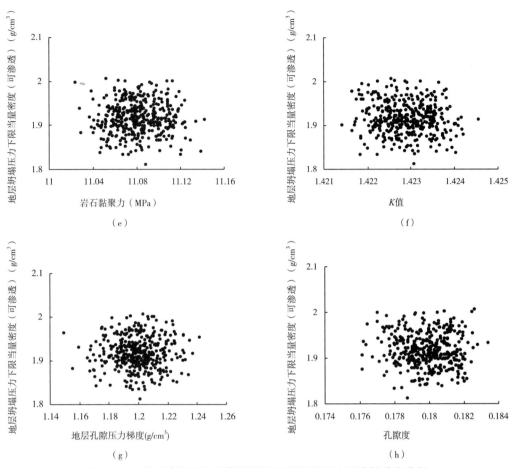

图 2 - 18　渗透条件下地层坍塌裂压力下限的影响因素敏感度分析

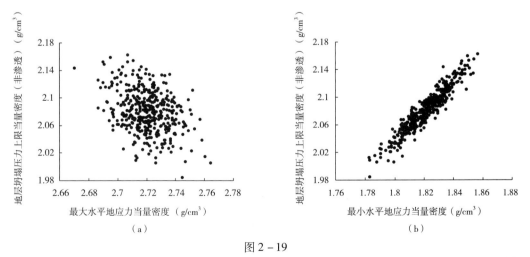

图 2 - 19

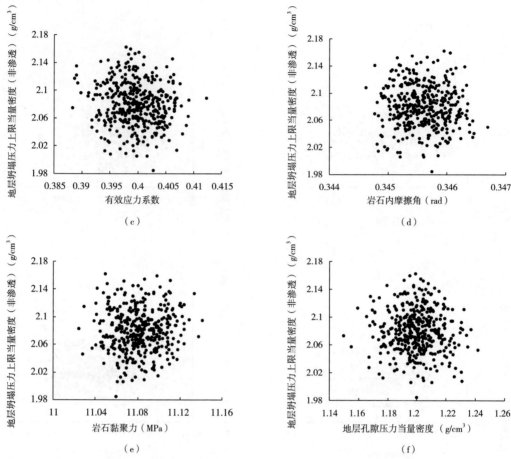

图 2 - 19　非渗透地层坍塌压力上限的影响因素敏感度分析

目前较为常用的地应力的求取公式为：

地区构造较为平缓时

$$\begin{cases} \sigma_H = \left(\dfrac{\mu}{1-\mu} + \beta \right) \left(\sigma_v - \alpha p_p \right) + \alpha p_p \\[3mm] \sigma_h = \left(\dfrac{\mu}{1-\mu} + \gamma \right) \left(\sigma_v - \alpha p_p \right) + \alpha p_p \end{cases} \quad (2-35)$$

地区构造较为剧烈时

$$\begin{cases} \sigma_H = \dfrac{\varepsilon_1 E + 2\mu \left(\sigma_v - \alpha p_p \right)}{2 \left(1-\mu \right)} + \dfrac{\varepsilon_2 E}{2 \left(1+\mu \right)} + \alpha p_p \\[3mm] \sigma_h = \dfrac{\varepsilon_1 E + 2\mu \left(\sigma_v - \alpha p_p \right)}{2 \left(1-\mu \right)} - \dfrac{\varepsilon_2 E}{2 \left(1+\mu \right)} + \alpha p_p \end{cases} \quad (2-36)$$

式中　σ_H，σ_h——最大和最小水平地应力；

　　　β，γ，ε_1，ε_2——构造应力系数；

　　　p_p——地层孔隙压力；

μ——岩石的泊松比；

E——岩石的弹性模量。

根据水平主应力的计算公式式（2-35）和式（2-36），其中上覆岩层压力对于某一地区而言，不确定性较小，尤其对于深水而言，水深的增加还能够减小其预测值的不确定范围，因此，在此不考虑上覆岩层压力的变化。从而，模型中相对具有不确定性的参数为泊松比、两个构造应力系数和地层孔隙压力，这也是确定水平主应力的难点。现采用多因素分析方法对其进行相关性分析，以地质构造剧烈条件下为例，对最大水平主应力进行计算，假定井深 H 为 2800m，各参数的分布形式和分布参数见表 2-3，每个参数的随机取样值个数为 15000，计算结果如图 2-20 所示（图中只显示约 1000 个左右的数值）。

表 2-3　水平主应力计算模型参数分布状态

参数名称	分布形式	分布参数
泊松比 μ	正态分布 $N(\mu, \sigma^2)$	$\mu = 0.250$, $\sigma = 0.03$
弹性模量 E	正态分布 $N(\mu, \sigma^2)$	$\mu = 3.93$, $\sigma = 0.03$
地层孔隙压力 p_p	正态分布 $N(\mu, \sigma^2)$	$\mu = 1.200$, $\sigma = 0.015$
构造应力系数 ε_1	正态分布 $N(\mu, \sigma^2)$	$\mu = 0.260$, $\sigma = 0.021$
构造应力系数 ε_2	正态分布 $N(\mu, \sigma^2)$	$\mu = 0.250$, $\sigma = 0.03$
构造应力系数 β	正态分布 $N(\mu, \sigma^2)$	$\mu = 0.250$, $\sigma = 0.03$
构造应力系数 γ	正态分布 $N(\mu, \sigma^2)$	$\mu = 0.250$, $\sigma = 0.03$

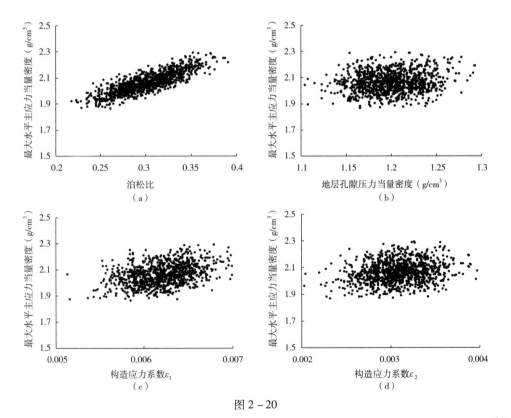

图 2-20

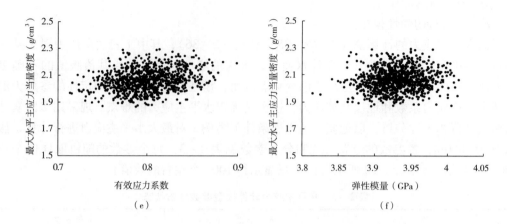

图 2-20　最大水平主应力计算模型中各参数对计算结果的相关性分析

对比结果表明，泊松比为最大水平主应力最敏感影响因素，从而进一步得知其对地层坍塌及破裂压力具有较大的影响。因此，在实际计算过程中，要通过各种手段获得泊松比的数值范围和分布情况，这样有利于更为准确地确定地层坍塌及破裂压力。

从上述分析可知，在计算地层坍塌和破裂压力时，首先要确定各项岩石参数、构造应力系数、有效应力系数、上覆岩层压力梯度及地层孔隙压力梯度。其中，最为敏感的参数为泊松比。因此，在实际确定过程中，需要重点根据邻井资料和室内实验资料较为细致地获取其值范围，在条件具备时，还需尽可能准确地获取其分布状态。此外，其他参数由于相关性并不十分明显，只需要知道其值的主要范围，设定较为简单的分布状态即可（通常采用正态分布或者主观三角分布），这对最终结果的范围和分布情况不会产生较大的影响。

三、含可信度的地层坍塌压力及破裂压力的钻前求取方法

钻前求取地层坍塌及破裂压力，其难点在于岩石强度等物性参数及各类应力系数的确定。一般而言，在钻前很难获取某井的测井或岩心实验资料，可以获得的只有地震数据，而其中最为重要的就是层速度，特定的层速度分布规律包含着丰富的地层信息，能不同程度地反应地层力学特性，这为钻前求取地层坍塌及破裂压力提供了依据。

如图 2-21 所示，目前钻前坍塌及破裂压力的求取方法主要思路包括两类：一类通过寻求邻井和相似构造上的井，直接利用其岩石力学参数和相关应力系数以及本井的地层孔隙压力预测结果进行坍塌及破裂压力的确定；另一类通过对邻井及相似构造井的资料进行分析，获取其岩石力学物性参数、相关的应力系数、地层孔隙压力和坍塌破裂压力，通过神经网络训练的方法获得以层速度为基础的神经网络预测模型，再依据本井的层速度数据，代入模型中进行坍塌及破裂压力的预测。

用邻井或者相似构造井的各项参数直接代入新井的坍塌及破裂压力计算存在局限。由于邻井或者相似构造井与新井存有差别，不能完全替代，且单一的数值也会带来一定的误差，增加了不确定因素。对于神经网络预测模型，不同的训练模式或函数，得出的预测模型不

同。此外，地震层速度与地层受力特性、岩性和岩石力学物性参数之间的关系存有不确定性，直接输入层速度通过神经网络模型预测可能存有较大的误差。因此，对于新井的坍塌及破裂压力的钻前预测，需要注重从以下三个方面入手：

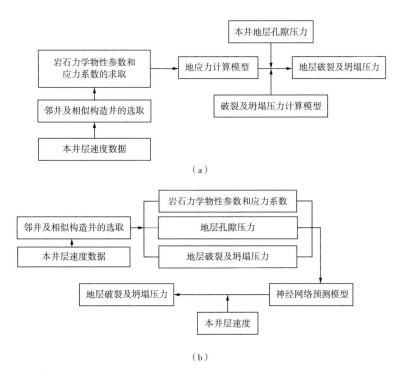

图 2-21　目前地层坍塌及破裂压力钻前求取方法

（1）邻井和相似构造井的选择。

由于钻前无法获取直接预测本井岩石力学物性参数的相关数据，邻井和相似构造井的选择变得尤为重要，要根据已有本井的地震资料和已知的地质构造特征，去寻找相似构造井或邻井，其相似程度的高低也决定着预测结果的精确程度。

（2）参数值的统计和范围的确定。

对于压力预测模型中的各个参数，不能够再以全井段单一的数值来确定，而是要根据已有的相似井的数据进行统计，还需要根据不同的地层进行分层统计，得出不同岩性地层各个参数值的范围和分布状态，最终利用上述坍塌破裂压力计算模型进行确定。

（3）地层坍塌及破裂压力值范围和分布形式的确定。

通过上述步骤，采取直接理论计算或者数值模拟计算出地层坍塌及破裂压力值的范围，若是通过数值计算，最后还需对计算结果进行统计，选择最合适的分布形式进行拟合。这样，得出的坍塌及破裂压力就不再是单一的曲线，而是一个具有某种形式的概率分布，通过这个分布，不仅可知道压力的变化范围和不确定程度，还能知晓其分布状态，理解地层压力在其范围内取不同值的可能性。图 2-22 为具有可信度信息的坍塌及破裂压力剖面，根据地层孔隙压力可信度窗口剖面和破裂压力可信度窗口剖面，可以建立地层孔隙压力—坍塌压力—破裂压力梯度可信度剖面，如图 2-23 所示。

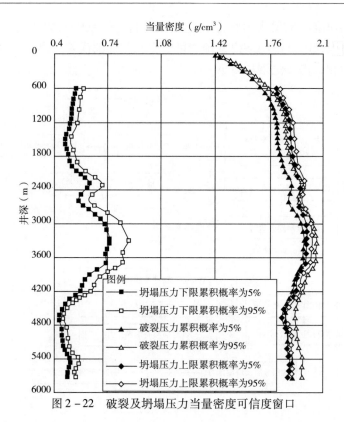

图 2 - 22 破裂及坍塌压力当量密度可信度窗口

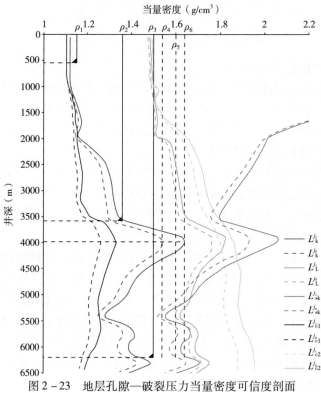

图 2 - 23 地层孔隙—破裂压力当量密度可信度剖面

第四节　钻井液密度安全可信度窗口的确定

根据上述建立的压力可信度剖面，可以根据压力平衡约束准则确定钻井液密度安全可信度窗口。

（1）防井涌：

$$\rho_{max} \geq \rho_{pmax} + S_b + \Delta\rho \qquad (2-37)$$

（2）防井壁坍塌：

$$\rho_{max} \geq \rho_{c1max} + S_b \qquad (2-38a)$$

$$\rho_{max} + S_g \leq \rho_{c2min} \qquad (2-38b)$$

（3）防压差卡钻：

$$\max\left(\left(\rho_{max} - \rho_{pmin}\right) \times H_{pmin} \times 0.00981\right) \leq \Delta p \qquad (2-39)$$

（4）防漏：

$$\rho_{max} + S_g + S_f \leq \rho_{fmin} \qquad (2-40)$$

（5）关井时防漏：

$$\rho_{max} + S_g + S_f + S_k \times \frac{H_{pmax}}{H_{c1}} \leq \rho_{fc1} \qquad (2-41)$$

式中　ρ_{max}——裸眼井段使用的最大钻井液密度，g/cm^3；

$\qquad \rho_{pmax}$——裸眼井段钻遇的最大孔隙压力当量密度，g/cm^3；

$\qquad \rho_{pmin}$——裸眼井段钻遇的最小孔隙压力当量密度，g/cm^3；

$\qquad \rho_{fmin}$——裸眼井段钻遇的最小破裂压力当量密度，g/cm^3；

$\qquad \rho_{fc1}$——上一层套管鞋处的地层破裂压力当量密度，g/cm^3；

$\qquad \rho_{c1max}$——裸眼井段的最大地层下限坍塌压力当量密度，g/cm^3；

$\qquad \rho_{c2min}$——裸眼井段的最小地层上限坍塌压力当量密度，g/cm^3；

$\qquad H_{pmin}$——裸眼井段最小地层孔隙压力所处的深度，m；

$\qquad H_{pmax}$——裸眼井段最大地层孔隙压力处的井深，m；

$\qquad H_{c1}$——上一层套管的下入深度，m；

$\qquad S_b$——抽吸压力系数，$S_b = 0.04 \sim 0.06$，g/cm^3；

$\qquad S_g$——激动压力系数，$S_g = 0.04 \sim 0.06$，g/cm^3；

$\qquad S_f$——地层破裂压力安全增值，$S_f = 0.03 \sim 0.06$，g/cm^3；

$\qquad S_k$——井涌允量，$S_k = 0.05 \sim 0.08$，g/cm^3；

$\qquad \Delta p$——压差卡钻允值，MPa；

$\qquad \Delta\rho$——附加钻井液密度，一般油井为 $0.06 \sim 0.1 g/cm^3$，气井为 $0.1 \sim 0.12 g/cm^3$，g/cm^3。

根据上述计算条件和已经获得的含有可信度的压力剖面，可以得出含可信度的钻井液密度安全窗口，如图 2 – 24 所示。

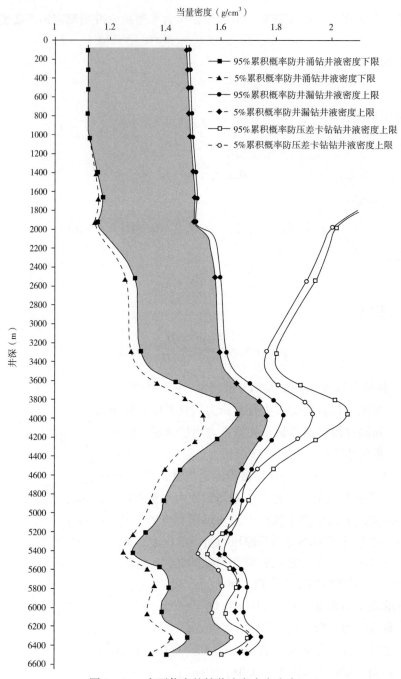

图 2 – 24　含可信度的钻井液安全密度窗口

针对深探井钻井中地层压力信息的不确定性问题，通过对现有地层压力预测模型进行多因素不确定性分析，建立了地层信息不确定条件下地层孔隙压力、地层破裂压力和坍塌压力的预测及描述方法。这种含可信度的地层压力及安全钻井液密度窗口确定方法是一种解决新区探井井身结构设计时基础数据不确定性问题的有效手段，可为压力不确定条件下深井、超深井井身结构设计提供依据。

参 考 文 献

[1] 陈一鸣，朱德怀. 矿场地球物理测井技术测井资料解释［M］. 北京：石油工业出版社，1994.

[2] 周大晨. 对上覆岩层压力计算公式的思考［J］. 石油勘探与开发，1999，26（3）：99－103.

[3] 陈永明. 两种不同的地层坍塌压力［J］. 钻采工艺，1997，20（5）：23－25.

[4] 艾池，冯福平，李洪伟. 地层压力预测技术现状及发展趋势［J］. 石油地质与工程，2007，21（6）：71－76.

[5] 茆诗松，程依明，濮小龙. 概率论与数理统计教程［M］. 北京：高等教育出版社，2001.

[6] 樊洪海. 利用层速度预测砂泥岩地层孔隙压力单点计算法模型［J］. 岩石力学与工程学报，2002，6（增）：2037－2040.

[7] 阎铁，李士斌. 深部井眼岩石力学理论与实践［M］. 北京：石油工业出版社，2002.

[8] 马建海，孙建孟. 用测井资料计算地应力［J］. 测井技术，2002，26（4）：347－351.

[9] 邓金根，程远方，陈勉，等. 井壁稳定预测技术［M］. 北京：石油工业出版社，2008.

[10] 金衍. 井壁稳定预测理论和应用研究［D］. 北京：中国石油大学，2001.

[11] 金衍，陈勉. 探井二开以下地层井壁稳定性钻前预测方法［J］. 石油勘探与开发，2008，35（6）：742－745.

[12] 严波涛. 数据平滑的理论基础和方法［J］. 西安体育学院学报，1994，11（4）：20－25.

[13] 王世一. 数字信号处理［M］. 北京：北京工业学院出版社，1987.

[14] 杨丽娟，张白桦，叶旭桢. 快速傅里叶变换FFT及其应用［J］. 光电工程，2004，31（增）：2－7.

[15] 李世雄. 小波变换及其应用［M］. 北京：高等教育出版社，1997.

[16] （美）布拉斯维尔，罗纳德. 傅里叶变换及其应用［M］. 杨燕昌，译. 北京：人民邮电出版社，1986.

[17] 孙洪泉. 地质统计学及其应用［M］. 徐州：中国矿业大学出版社，1990.

[18] 王政权. 地统计学及在生态学中的应用［M］. 北京：科学出版社，1999.

[19] 张景雄. 空间信息的尺度、不确定性与融合［M］. 武汉：武汉大学出版社，2008.

[20] 王劲峰. 空间分析［M］. 北京：科学技术出版社，2006.

[21] 张仁骅. 空间变异理论及应用［M］. 北京：科学出版社，2005.

[22] 柯珂. 深水钻井套管层次及下入深度确定方法研究［D］. 东营：中国石油大学（华东），2010.

[23] Hubbert M K, Rubey W W. Role of fluid pressure in mechanics of over thrust faulting［J］. AAPG, 1959, 37（8）：155－166.

[24] Dumans C F F. Quantificat ion of the effect of uncertainties on the reliability of wellbore estability modelprediction［D］. Tulsa: Univ of Tulsa, 1995.

[25] Nobuo Mortia. Uncertainty analysis of borehole stability problems［R］. SPE 30502, 1995.

[26] Frontura D, Sergio A B, Holzberg Bruno B, et al. Probabilistic analysis of wellbore stability during drilling［R］. SPE 78179, 2002.

[27] Liang Q J. Application of quantitative risk analysis to pore pressure and fracture gradient prediction［R］. SPE 77354, 2002.

[28] Sayers C M, Johnson G M, Denyer G. Predrill pore pressure prediction using seismic data [R]. IADC/SPE 59122, 2002.

[29] Eni S P A. Exploration & production division, drilling completion & production optimization well operating standards: overpressure evaluation manual [M]. 2005: 134 − 141.

第三章 套管层次及下入深度确定方法

在经验钻井阶段，由于对地层孔隙压力和破裂压力不能准确掌握。因此，井身结构设计只能凭经验确定。到了 20 世纪 60 年代中期，地层孔隙压力、破裂压力的预测和检测技术得到发展，特别是近平衡钻井的推广和井控技术的掌握，使井身结构中套管层次和下入深度的设计更完善，逐步总结出了一套较为科学的设计方法［沈忠厚，1988；钻井手册（甲方），1990；井身结构设计方法，SY/T 5431—1996］。提出了以满足防止井涌、防止套管鞋处地层压裂和避免压差卡钻为主要依据，满足工程必封点为约束条件的设计思想，以合理的井身结构确保钻井过程的安全、高效和保护油气层的设计原则。确定了以地层孔隙压力和破裂压力两条压力剖面为根据，用图解或解析的数量化方法，从下而上（先技术套管，再表层套管）确定套管层次和下入深度，再由约束条件进行调节的设计方法。所得到的设计结果可使每层套管下入深度最浅、套管费用最低，尽早结束大尺寸井眼钻进阶段，提高钻井效率。这种设计方法所存在的问题是：由于采用了自下而上的设计步骤，上部套管下入深度的合理性取决于对下部地层特性了解的准确程度和充分程度，应用于已较准确地掌握了地层孔隙压力和破裂压力剖面的地区的井身结构设计是比较合理的，但对于新区的深探井井身结构设计来说，由于对下部地层了解不充分，地层压力信息存在较大的不确定性，应用这种自下而上的方法难以确定出合理的套管层次和每层套管的下入深度。为此，提出了套管层次和下深自上而下与自下而上相结合，以及地层信息不确定条件下带状设计方法。

第一节 套管层次和下深的自下而上设计方法及步骤

一、安全裸眼井段的约束条件与基础数据取值

1. 安全裸眼井段的约束条件

依据井身结构设计的原则和安全裸眼井段的定义，在裸眼井段钻进或固井时应满足防止井涌、防止井壁坍塌、防止正常钻进时压裂地层、防止压差卡钻或卡套管、防止井涌关井压裂地层等要求。

（1）防井涌约束条件。

正常钻进过程中，应保证钻遇最大地层孔隙压力当量密度所处的地层时井内的钻井液密度不小于该地层的最大孔隙压力当量密度，即防止井涌的约束条件：

$$\rho_m \geqslant \rho_{pmax} + \Delta\rho \qquad (3-1)$$

式中 ρ_m——钻井液密度，g/cm^3；

ρ_{pmax}——裸眼井段最大地层孔隙压力的当量密度，g/cm^3；

$\Delta\rho$——钻井液密度附加值，g/cm^3（按 SY/T 6426—2005 中的规定选取，有时 $\Delta\rho$ 也依据 S_b 的大小取值）；

S_b——抽吸压力系数，g/cm^3。

（2）防止井壁坍塌约束条件。

考虑地层坍塌压力对井壁稳定的影响，裸眼井段的最大钻井液密度还应该满足以下条件：

$$\rho_{mmax} \geqslant \max \left\{ (\rho_{pmax} + \Delta\rho),\ \rho_{cmax} \right\} \tag{3-2}$$

式中　ρ_{mmax}——钻进时裸眼井段使用的最大钻井液密度，g/cm^3；

ρ_{cmax}——裸眼井段最大地层坍塌压力的当量密度，g/cm^3。

（3）防止正常钻进时压裂地层约束条件。

正常钻进或起下钻时，在裸眼井段内最薄弱地层的井深位置处有可能出现的最大液柱压力应小于该层位破裂压力的最小值：

$$\rho_{bnmax} \leqslant \rho_{ffmin} \tag{3-3}$$

其中

$$\rho_{bnmax} = \rho_{mmax} + S_g \tag{3-4}$$

$$\rho_{ffmin} = \rho_{fmin} - S_f \tag{3-5}$$

式中　ρ_{bnmax}——正常钻进或起下钻时最大井内压力的当量密度，g/cm^3；

S_g——激动压力系数，g/cm^3；

ρ_{ffmin}——裸眼井段最小安全地层破裂压力的当量密度，g/cm^3；

ρ_{fmin}——裸眼井段最小地层破裂压力的当量密度，g/cm^3；

S_f——破裂压力安全系数，g/cm^3。

（4）防止压差卡钻或卡套管约束条件。

钻进或下套管作业过程中，裸眼段内钻井液液柱压力与地层孔隙压力之间有可能出现的最大压差应不大于 Δp_N 或 Δp_A。

$$\Delta p = 0.00981 \times (\rho_{mmax} - \rho_{pmin}) \times D_n \leqslant \Delta p_N\ (\Delta p_A) \tag{3-6}$$

式中　Δp——钻井液柱压力与地层孔隙压力之间的最大压差，MPa；

ρ_{pmin}——裸眼井段内最大压差处所对应的地层孔隙压力当量密度，g/cm^3；

D_n——裸眼井段最大压差处所对应的井深，一般，在正常孔隙压力地层，取正常压力地层的最大井深，在异常压力地层，取地层孔隙压力当量密度最小值所对应的最大井深，m；

Δp_N——正常压力地层的压差允值，MPa；

Δp_A——异常压力地层的压差允值，MPa。

（5）防止井涌关井压裂地层约束条件。

当井涌关井后，由井口套压和井内钻井液液柱压力联合作用所产生的井内液压的当量密度随井深的不同是变化的，深度越小，当量密度越高。井涌关井后位于裸眼井段顶端（即上层套管的套管鞋处）的地层容易被压裂而发生井漏。因此，应保证井涌关井后在上层套管的套管鞋处，井内可能产生的最大压力不大于该处的地层破裂压力。同时，在裸眼井段的其他薄弱地层也应保证不被压裂。其约束条件为：

$$\rho_{bamax} \leqslant \rho_{ffDmin} \tag{3-7}$$

式中　ρ_{bamax}——发生溢流关井时最大井内压力当量密度，g/cm^3；其表达式为：

$$\rho_{bamax} = \rho_{mmax} + \frac{D_m}{D_x} \cdot S_k \tag{3-8}$$

ρ_{ffDmin}——裸眼井段最浅井深处安全地层破裂压力的当量密度，g/cm^3；

D_m——裸眼井段最大地层孔隙压力当量密度对应的井深，m；

D_x——裸眼井段最薄弱地层对应的井深，m，一般按裸眼井段的最浅井深取值；

S_k——井涌允量，g/cm^3。

2. 基础数据及取值范围

（1）抽吸压力系数 S_b。

上提钻柱时，由于抽吸作用使井内液柱压力降低的值，用当量密度表示。S_b 一般取 $0.015 \sim 0.040 g/cm^3$。

（2）激动压力系数 S_g。

下放钻柱时，由于钻柱向下运动产生的激动压力造成井内液柱压力的增加值，用当量密度表示。S_g 一般取 $0.015 \sim 0.040 g/cm^3$。

（3）破裂压力安全系数 S_f。

为避免上部套管鞋处裸露地层被压裂的地层破裂压力安全增值，用当量密度表示。安全系数的大小与地层破裂压力的预测精度有关。S_f 一般取 $0.03 g/cm^3$。

（4）井涌允量 S_k。

井涌关井后因井口回压引起井内液柱压力上升，井涌允量表示关井前后允许井内液柱压力当量钻井液密度的增加值。与地层孔隙压力预测的精度及井控技术能力有关。S_k 一般取 $0.05 \sim 0.10 g/cm^3$。

（5）压差允值（Δp_N 与 Δp_A）。

裸眼井段所允许的井内液柱压力与地层孔隙压力之间的最大压差。裸眼井段的压差控制在该允许值范围内可以避免钻进和固井过程中的压差卡钻和压差卡套管问题。压差允值与钻井工艺技术和钻井液性能有关，也与裸眼井段的地层孔隙压力和渗透性有关。若正常地层压力和异常高压同处一个裸眼井段，卡钻易发生在正常压力井段，所以压差允值又有正常压力井段和异常压力井段之分，分别用 Δp_N 和 Δp_A 表示。正常压力井段的压差允值 Δp_N 一般取 $12 \sim 15 MPa$，异常压力井段的压差允值 Δp_A 一般取 $15 \sim 20 MPa$。

3. 基础数据的求取

（1）抽吸压力系数 S_b 和激动压力系数 S_g 的确定。

石油钻井过程中，起下钻或下套管作业时将会在井眼内产生波动压力，下放管柱产生激动压力，上提管柱产生抽吸压力。由于井身结构设计方法是建立在井眼与地层间的压力平衡基础上的，因此，这种由起下钻或起下套管引起的井眼压力波动在井身结构设计时必须要考虑到。抽吸和激动压力系数可通过以下步骤求出：

①收集所研究地区常用钻井液体系的性能，主要包括密度和流变参数（黏度、切力、n值和 K 值等）。

②收集所研究地区常用的套管钻头系列、井眼尺寸及钻具组合。

③根据稳态或瞬态波动压力计算公式，计算不同钻井液性能、井眼尺寸、钻具组合以及起下钻速度条件下的井内波动压力，根据波动压力和井深计算抽吸压力和激动压力系数。

按照以上方法，利用瞬态波动压力计算公式，根据新疆油田呼 2 井、克 101 井和克 102井的实际钻井资料，计算出的波动压力系数随井深的变化情况如图 3 - 1 和图 3 - 2 所示。

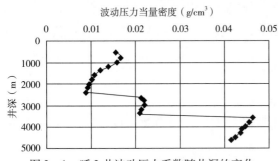

图 3 - 1　呼 2 井波动压力系数随井深的变化

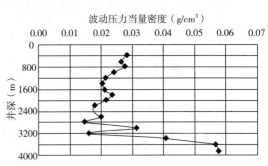

图 3 - 2　克 101 井波动压力系数随井深的变化

从图中 3 - 1 和图 3 - 2 可以看出，在不同的钻进井深，井眼内的抽吸和激动压力系数并不是一个定值。上部井眼内的系数普遍较小，下部井眼则较大。S_b 和 S_g 一般在 0.01 ～ 0.06g/cm^3 的范围内。

（2）破裂压力安全系数 S_f 的确定。

S_f 是考虑地层破裂压力预测可能的误差而设的安全系数，它与破裂压力预测的精度有关。直井中美国取 S_f 为 0.024g/cm^3，中原油田取 S_f 为 0.03g/cm^3。在其他地区的井身结构设计中，可根据对地层破裂压力预测或测试结果的可信程度来定。对于测试数据（漏失试验）较充分或地层破裂压力预测结果较准确的区块，S_f 取值可小一些；而在测试数据较少、探井或在地层破裂压力预测中把握较小时，S_f 取值应大一些，一般可取 S_f 为 0.03g/cm^3。

地层破裂压力安全系数 S_f 可通过以下步骤求出：

①收集所研究地区不同层位的破裂压力实测值和破裂压力预测值。

②根据实测值与预测值的对比分析，找出统计误差作为破裂压力安全系数。

（3）井涌允量 S_k 的确定。

钻井施工中，由于地层压力预测误差以及检测技术的原因，所用钻井液密度可能小于异常高压地层的孔隙压力当量钻井液密度值或者是出现井内液柱压力小于地层孔隙压力的情况，从而可能发生井涌。因而，在套管层次和下入深度设计时应考虑具有一定的承受井口回压的能力，用井涌允量 S_k 表示。S_k 的选取和确定与地层孔隙压力预测的精度以及井涌检测和控制的技术和装备水平有关。一般根据异常高压层地层孔隙压力预测和检测的误差来确定。

现场控制井涌的技术和装备条件较好时，可取低值；对风险较大的高压气层和浅层气应取高值。根据"九五"期间所调研的准噶尔盆地所发生的几口井井涌后的关井立管压力计算出的井涌允量在 $0.05 \sim 0.08 g/cm^3$ 范围内。

对于井涌允量 S_k 可通过以下步骤求出：

①统计所研究地区异常高压层以及井涌事故易发生的层位、井深、关井求压计算的地层孔隙压力值、发生井涌时的钻井液密度等。

②根据现有地层压力检测技术水平以及井涌报警的精度和灵敏度，确定允许地层流体进入井眼的体积量（如果井场配有综合录井仪，一般将地层流体允许进入量的体积报警限定为 $2m^3$）。

③计算地面溢流量达到报警限时井底压力的降低值。

④根据异常高压层所处的井深、真实地层孔隙压力值、溢流报警时的井底压力降低值、井涌时的钻井液密度等，计算各样本点的井涌允量，然后根据多样本点的统计结果确定出所研究地区的井涌允量值。

（4）压差允值（Δp_N 和 Δp_A）的确定。

在井身结构设计中应考虑避免压差卡钻和压差卡套管事故的发生。具体方法就是在井身结构设计时保证裸眼段任何部位钻井液液柱压力与地层孔隙压力的差值小于某一安全的数值，即压差允值。各个地区，由于地层条件、所采用的钻井液体系、钻井液性能、钻具结构、钻井工艺措施有所不同，因此压差允许值也不同，应通过大量的现场统计获得。

对于压差允值（Δp_N 和 Δp_A）可通过以下步骤求出：

①收集压差卡钻资料，确定出易压差卡钻的层位、井深及卡钻层位的地层孔隙压力值。

②统计压差卡钻发生前同一裸眼段曾用过的最大安全钻井液密度，以及卡钻发生时的钻井液密度。

③根据卡钻井深、卡点地层孔隙压力、井内最大安全钻井液密度值，计算单点压差卡钻允值。

④根据多样本点的统计结果，确定出适合于所研究地区的压差卡钻允值。

"九五"期间通过对准噶尔盆地发生压差卡钻的资料分析，计算出该地区的压差卡钻允值范围是 Δp_N 为 $15 \sim 18 MPa$，Δp_A 为 $21 \sim 23 MPa$。

二、设计步骤

套管层次和下入深度设计的实质是确定两相邻套管下入深度之差，也就是确定安全裸眼井段的井深区间。所谓安全裸眼井段是指在该裸眼井段中，应防止钻进过程中发生井涌、井壁坍塌、压差卡钻、钻进时压裂地层发生井漏、井涌关井或压井时压裂地层而发生井漏以及下套管时压差卡套管等井下复杂情况。对同一口井，在套管层次和下入深度设计时，所选择的裸眼井段的起始点以及设计顺序不同，所得到的套管层次和下入深度的设计结果也不同。

因油层套管的下入深度主要取决于完井方法和油气层的位置，因此设计的步骤是由中间套管开始自下而上逐层确定每层套管的下入深度。其设计步骤为：

（1）首先获得设计地区的地层孔隙压力、坍塌压力和破裂压力三压力剖面图，图中纵坐标表示深度，横坐标以地层孔隙压力、坍塌压力和破裂压力的当量密度表示。

（2）根据地区特点和所设计井的性质选取钻井液密度附加值 $\Delta\rho$、抽吸压力系数 S_b、激动压力系数 S_g、破裂压力安全系数 S_f、井涌允量 S_k、压差允值 Δp_N 和 Δp_A。

（3）在三压力剖面图中查找全井最大地层孔隙压力当量密度值 ρ_{pmax} 和最大地层坍塌压力当量密度值 ρ_{cmax}，并分别记录两个最大值所处的井深。利用式（3－2）计算裸眼井段的最大钻井液密度 ρ_{mmax}。利用式（3－4）计算正常钻进或起下钻时最大井内压力的当量密度 ρ_{bnmax}。利用式（3－5）计算全井不同井深处的安全地层破裂压力的当量密度 ρ_{ff}，并在三压力剖面图上绘制安全地层破裂压力的当量密度曲线。如图3－3所示中的 ρ_{ff} 曲线。

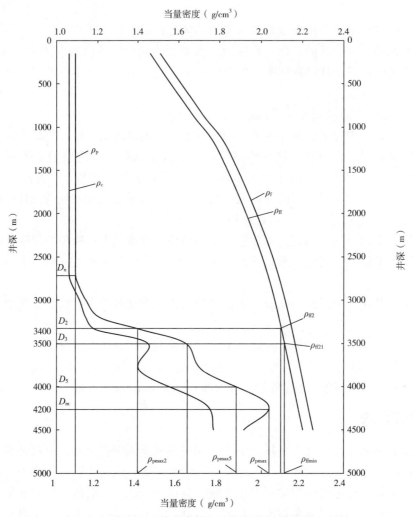

图3－3　自下而上确定套管层次和深度设计步骤示意图

（4）依据防止正常钻进时压裂地层约束条件式（3－3），让 $\rho_{ffmin} = \rho_{bnmax}$，从图3－3中底部的横坐标上找出 ρ_{ffmin} 值点，自 ρ_{ffmin} 值点上引垂线与安全地层破裂压力 ρ_{ff} 曲线相交，交点井深即为初选的技术套管下入深度 D_3。

（5）在小于 D_3 的井深区间内从三压力曲线上分别查找该井深区间内的最大地层孔隙压

力当量密度值 ρ_{pmax} 和最大地层坍塌压力当量密度值 ρ_{cmax}，并利用式（3－2）计算该井深区间内使用的最大钻井液密度 ρ_{mmax}。同时，在该井深区间内扫描依次计算不同井深处的最大井筒压力与地层孔隙压力之间的压差，并记录该井深区间内最大压差位置所对应的地层孔隙压力当量密度值 ρ_{pmin} 和井深 D_n。依据防止压差卡钻约束条件式（3－6），验证初选技术套管下入深度 D_3 有无压差卡钻的危险。

①若 $\Delta p \leqslant \Delta p_N(\Delta p_A)$，则初选深度 D_3 为技术套管下入的复选深度 D_{21}。然后，依据防止井涌关井压裂地层约束条件，校核技术套管下入复选深度 D_{21} 处是否有压漏的危险。即根据全井最大地层孔隙压力当量密度 ρ_{pmax} 及对应的井深 D_m，利用式（3－8）计算 D_{21} 处最大井内压力当量密度 $\rho_{bamax21}$。当 $\rho_{bamax21}$ 小于且接近 D_{21} 处地层安全破裂压力当量密度 ρ_{ff21} 时，满足设计要求，D_{21} 即为技术套管下入深度 D_2。否则，应适当加深技术套管下入深度，并回到步骤（5）重新校核是否发生压差卡钻，最终确定技术套管下入深度 D_2。

②若 $\Delta p > \Delta p_N(\Delta p_A)$，则技术套管下入深度应小于初选深度 D_3。此时，依据式（3－6）计算在 D_n 深度处压力差为 $\Delta p_N(\Delta p_A)$ 时所允许的最大钻井液密度值 ρ_{mmax2}，利用式（3－1）计算允许的最大地层孔隙压力当量密度值 ρ_{pmax2}，并在横坐标上找出 ρ_{pmax2} 值对应点引垂线与地层孔隙压力当量密度线相交，交点井深即为技术套管下入深度 D_2。由于此时的技术套管下入深度 D_2 没有达到初选井深 D_3，D_2 以下还需要继续设计尾管。

（6）重复步骤（3）、（4）、（5），逐次设计井深 D_2 以上的其他各层技术套管，直至表层套管下入深度确定完。

（7）尾管设计。当技术套管下入深度 D_2 小于初选深度 D_3 时，需要下尾管并确定尾管下入深度 D_4。

①首先确定尾管的最大可下入深度 D_5。在压力剖面图上查得井深 D_2 处的安全破裂压力当量密度 ρ_{ff2}，依据防止正常钻进时压裂地层的约束条件式（3－3），让 ρ_{bnmax2} 等于 ρ_{ff2}，ρ_{bnmax2} 即为井深 D_2 处所能承受的最大井内压力的当量密度值。利用式（3－4）计算出 D_2 至尾管最大可下入深度 D_5 井段内允许使用的最大钻井液密度值 ρ_{mmax5}。然后再利用式（3－1）计算出 D_2 至 D_5 井段内允许出现的最大地层孔隙压力当量密度值 ρ_{pmax5}，在横坐标上找出 ρ_{pmax5} 数值点，从该点引垂线与地层孔隙压力当量密度线相交，最靠近井深 D_2 的交点位置（如果存在多个交点）即为尾管最大可下入深度 D_5。确定出 D_5 以后，还应该进行下尾管井段钻进时的压差卡钻校核和井涌关井压漏地层校核。

②校核下尾管井段钻进或下尾管时是否存在压差卡钻的危险。校核方法同步骤（5）。

③校核下尾管井段钻进时是否存在井涌关井后压漏薄弱地层的危险。根据下尾管井段所遇到的最大地层孔隙压力当量密度 ρ_{pmax5} 及对应的井深 D_{m5}，利用式（3－8）计算 D_2 处的最大井内压力当量密度 ρ_{bamax2}。若 ρ_{bamax2} 小于 D_2 处的地层安全破裂压力当量密度 ρ_{ff2}，则尾管最大下入深度 D_5 满足设计要求。否则应适当减小尾管下入深度，重新依据防止井涌关井压裂地层的约束条件进行试算。

④在下尾管井段钻进时的压差卡钻校核和井涌关井压漏地层校核通过后，若 D_5 不小于 D_3，则最终确定尾管下入深度 D_4 等于 D_5。否则，则需要按照步骤（7）再设计一层尾管。

第二节　套管层次和下深的自上而下确定方法及步骤

"九五"期间中国石油天然气集团公司针对复杂地质条件下的深井、超深井钻井问题开展了"深井、超深井钻井技术研究"。其中的成果之一是提出了针对深探井钻井的自上而下的套管下入层次及深度设计方法。该方法的特点是：以确保钻井成功率、顺利钻达目的层为首选设计目标；每层套管下入深度根据上部已钻地层的资料确定，不受下部地层的影响；可给出每层套管的最大下入深度，有利于保证实现钻探目的，顺利钻达目的层位。与原来自下而上的设计方法相结合，可以给出套管的合理下深区间，有利于井身结构的动态调整。后续的钻井工程设计和施工实践表明，将自下而上和自上而下方法结合起来确定套管下入层次及深度是复杂地质条件下深井、超深井较为合理的一种井身结构设计方法。该方法已经列入行业标准（《井身结构设计方法》SY/T 5431—2008）。

该设计方法是在根据设计区域的浅部地质条件和设计原则确定了表层套管的下入深度以后，从表层套管下入深度开始由上而下逐层确定每层套管的下入深度，直至目的层套管。其设计步骤为：

（1）首先获得设计地区的地层孔隙压力、坍塌压力和破裂压力三压力剖面图，图中纵坐标表示深度，横坐标以地层孔隙压力、坍塌压力和破裂压力的当量密度表示。

（2）根据地区特点和所设计井的性质选取钻井液密度附加值 $\Delta\rho$、抽吸压力系数 S_b、激动压力系数 S_g、破裂压力安全系数 S_f、井涌允量 S_k、压差允值 Δp_N 和 Δp_A。

（3）利用式（3-5）计算全井不同井深处的安全地层破裂压力的当量密度 ρ_{ff}，并在三压力剖面图上绘制安全地层破裂压力的当量密度曲线。

（4）根据地质基本参数，按设计原则确定表层套管下入深度 D_1。

（5）设深度 D_1 以下第一层技术套管的最大可下入深度初选点为 D_{2m}。在压力剖面图上查得井深 D_1 处的安全破裂压力当量密度 ρ_{ff1}，依据防止正常钻进时压裂地层的约束条件式（3-3），让 ρ_{bnmax1} 等于 ρ_{ff1}，ρ_{bnmax1} 即为井深 D_1 处所能承受的最大井内压力的当量密度值。利用式（3-4）计算出下一层技术套管最大可下入深度 D_{2m} 处的允许最大钻井液密度值 ρ_{mmax3}。然后再利用式（3-1）计算出深度 D_{2m} 处允许的最大地层孔隙压力当量密度值 ρ_{pmax3}。在横坐标上找出 ρ_{pmax3} 数值点，从该点引垂线与地层孔隙压力当量密度线相交，最靠近井深 D_1 的交点位置（如果存在多个交点）即为下一层技术套管最大可下入深度初选点 D_{2m}。

（6）校核 D_1 至 D_{2m} 井段钻进或下套管时是否存在压差卡钻的危险。在 D_1 至 D_{2m} 的井深区间内从三压力曲线上分别查找该井深区间内的最大地层孔隙压力当量密度值 ρ_{pmax} 和最大地层坍塌压力当量密度值 ρ_{cmax}，并利用式（3-2）计算该井深区间内使用的最大钻井液密度 ρ_{mmax}。同时，在该井深区间内扫描依次计算不同井深处的最大井筒压力与地层孔隙压力之间的压差，并记录该井深区间内最大压差位置所对应的地层孔隙压力当量密度值 ρ_{pmin} 和井深 D_n。依据防止压差卡钻约束条件式（3-6），验证在 D_1 至 D_{2m} 井段有无压差卡钻的危险。

①若 $\Delta p \leqslant \Delta p_N(\Delta p_A)$，则初选深度 D_{2m} 为技术套管下入的复选深度 D_{21}。

②若 $\Delta p > \Delta p_N(\Delta p_A)$，则下一层技术套管下入深度应小于初选深度 D_{2m}。此时，依据式（3-6）计算在 D_n 深度处压力差为 $\Delta p_N(\Delta p_A)$ 时所允许的最大钻井液密度值 ρ_{mmax2}，利用

式（3-1）计算允许的最大地层孔隙压力当量密度值 ρ_{pmax2}，并在横坐标上找出 ρ_{pmax2} 值对应点，从该点引垂线与地层孔隙压力当量密度线相交，交点井深即为技术套管下入的复选深度 D_{21}。

（7）依据防止井涌关井压裂地层约束条件，校核在 D_1 至复选深度 D_{21} 井段钻进时是否存在井涌关井后压漏薄弱地层的危险。根据 D_1 至 D_{21} 井段所遇到的最大地层孔隙压力当量密度 ρ_{pmax} 及对应的井深 D_m，利用式（3-8）计算 D_1 处最大井内压力的当量密度 ρ_{bamax1}。若 ρ_{bamax1} 小于 D_1 处的地层安全破裂压力当量密度 ρ_{ffl}，则下一层套管的最大可下入深度 D_{21} 满足设计要求，D_{21} 即为下一层技术套管下入深度 D_2。否则应适当减小该技术套管的下入深度，重新依据防止井涌关井压裂地层的约束条件进行试算，最终确定出 D_2。

（8）重复步骤（5）、（6）、（7），逐次确定井深 D_2 以下其他各层套管的下入深度，直至完钻井深。

根据深井、超深井钻井特点以及钻井施工对井身结构设计的特殊要求，在传统井身结构设计方法的基础上，提出了井身结构设计自下而上和自上而下两种设计法，并建立了相应的井身结构设计数学模型。自下而上设计法可用于计算每层套管的最浅下入深度，自上而下设计法可用于计算每层套管的最深下入深度。二者相结合使井身结构设计方法更趋合理。

第三节　压力不确定条件下套管层次与下入深度设计方法

现有的井身结构设计方法，重点以地层情况和地层压力信息为参考数据进行套管层次及下深的确立，但是所依据的压力剖面均是确定性的单一曲线，从而使得其设计结果也是确定性的。因此，传统方法无法针对本文所提出的具有可信度信息的压力剖面进行套管层次及下深的设计。Dumans、Nobuo、Sergio 和 Q. J. Liang 等分别就地层压力信息的不确定性进行了研究，提出了通过概率统计理论定量分析地层各压力的不确定性因素，从而对钻井风险进行定量评判。A. Dahlin、Arild 和 J. C. Cunha 通过 QRA（定量风险评价）的方法对不确定条件下的井身结构进行了风险评判，提出了相应的后备改进方案，并通过决策树的方法提出了实时调整原则和步骤，这些进展都使得井身结构设计结果具有一定的可选性，能够针对实时钻井突发情况等不确定因素进行调整和优化。但是，上述方法都仅仅是对按照确定性方法设计出的井身结构进行分析评价，而不是在初始阶段就根据其不确定性压力剖面进行连续的设计，其得出的可选方案也都为几个确定的下深及层次，而不是连续的范围。本节提出了一种改进后的井身结构设计方法——带状井身结构设计方法，能够针对不确定的压力剖面进行设计，并且能够得出含有可信度的套管层次及下深范围，使得钻井决策者可以根据其结果做好应急和实时调整方案。它可以针对地层压力信息的不确定性，得出可供选择的多种设计结果或范围，有助于实际工程施工的调整和优化。这里以可信度为 95% 的安全钻井液密度窗口来介绍带状井身结构设计方法，用以确定套管层次和下深。

一、压力不确定条件下自上而下的套管层次及下深确立方法

对于探井而言，由于对地层信息的了解程度有限，为了给后续钻进留有较大的调整空间，常采用自上而下的井身结构设计方法，使得每一层套管下至最深。此设计方法在实际工

程设计中已被广泛使用。

如图 3-4 所示，按照上述步骤建立出的含可信度的钻井液密度上下限剖面，图中 L_{j_0}、L_{j_1} 分别表示累积概率为 j_0 和 j_1 的钻井液密度下限曲线，H_{j_0}、H_{j_1} 分别为累积概率为 j_0 和 j_1 的钻井液密度上限曲线，安全钻井液密度上下限剖面可信度都为 $|j_1 - j_0| \times 100\%$。

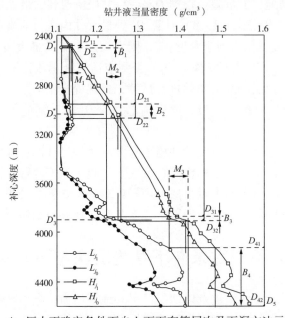

图 3-4 压力不确定条件下自上而下套管层次及下深方法示意图

1. 表层套管下深范围（第一水平带带宽）的确立

如图 3-4 所示，根据地层岩性资料及可参考邻井表层套管的下深数据，综合考虑确定表层套管下深范围为 $D_{11} \sim D_{12}$（$D_{11} < D_{12}$）。将深度范围 B_1（$D_{12} - D_{11}$）定义为第一水平带的带宽，并称 D_{11} 为水平条带的顶边，D_{12} 为底边。

2. 第一竖直条带带宽的确立

将带宽为 B_1 的水平条带水平延伸，条带分别与曲线 H_{j_0} 和 H_{j_1} 相交于 4 点（$H(D_{11})_{j=j_0}$，D_{11}）、（$H(D_{11})_{j=j_1}$，D_{11}）、（$H(D_{12})_{j=j_0}$，D_{12}）、（$H(D_{12})_{j=j_1}$，D_{12}），并定义 M_1 为第一竖直带的带宽：

$$M_1 = \max\{H(D_{11})_{j=j_0},\ H(D_{11})_{j=j_1},\ H(D_{12})_{j=j_0},\ H(D_{12})_{j=j_1}\} -$$
$$\min\{H(D_{11})_{j=j_0},\ H(D_{11})_{j=j_1},\ H(D_{12})_{j=j_0},\ H(D_{12})_{j=j_1}\} \qquad (3-9)$$

与水平条带类似，称 $\min\{H(D_{11})_{j=j_0},\ H(D_{11})_{j=j_1},\ H(D_{12})_{j=j_0},\ H(D_{12})_{j=j_1}\}$ 为此竖直条带的顶边，$\max\{H(D_{11})_{j=j_0},\ H(D_{11})_{j=j_1},\ H(D_{12})_{j=j_0},\ H(D_{12})_{j=j_1}\}$ 为底边。

3. 带的延伸和折叠

与第一水平条带和第一竖直带的确立方法类似，将第一竖直条带向下延伸，与曲线 L_{j_1} 相交产生第二水平条带，以此类推，条带成阶梯状延伸和折叠，直至最终井深。延伸和折叠过程中竖直条带和水平条带带宽的计算公式为：

$$
\begin{cases}
M_{imax} = \max \left\{ H\left(D_{i1}\right)_{j=j_0}, \ H\left(D_{i1}\right)_{j=j_1}, \ H\left(D_{i2}\right)_{j=j_0}, \ H\left(D_{i2}\right)_{j=j_1} \right\} \\
M_{imin} = \min \left\{ H\left(D_{i1}\right)_{j=j_0}, \ H\left(D_{i1}\right)_{j=j_1}, \ H\left(D_{i2}\right)_{j=j_0}, \ H\left(D_{i2}\right)_{j=j_1} \right\} \\
M_i = M_{imax} - M_{imin} \\
D_{k1} = L^{-1}\left(M_{imin}\right)_{j=j_1} \\
D_{k2} = L^{-1}\left(M_{imax}\right)_{j=j_1} \\
B_{i+1} = D_{k2} - D_{k1} \\
D_{i1} < D_{i2}, \ k = i+1, \ i = 1, 2, 3, \cdots, n-1
\end{cases}
\tag{3-10}
$$

其中，L^{-1} 为 L 的反函数，n 为套管总层数。

4. 套管层次及下深范围的确立

从上可知，套管层次及下深的设计结果不再是单一的数值，而是一个区间。每一层套管的下深范围分别为相应的水平条带的顶边和底边。且套管层次可能也会发生变化。从设计结果（图3-4和表3-1）中可以看出第4层次套管的最深下深 D_{42} 可能直接下至最终井深 D_5，从而使套管层次由原来的5层减少至4层，如图3-4中虚线阶梯线所示，当前3层套管下深分别大于 D_1^*、D_2^* 和 D_3^* 时，只需4层套管即可满足设计要求（表3-2）。

表3-1　套管层次及下深设计结果

套管层次	下深或下深范围	可信度
表层套管	$D_{11} \sim D_{12}$	
技术套管1	$D_{21} \sim D_{22}$	$\|j_1 - j_0\| \times 100\%$
技术套管2	$D_{31} \sim D_{32}$	$\|j_1 - j_0\| \times 100\%$
技术套管3	$D_{41} \sim D_{42}$	$\|j_1 - j_0\| \times 100\%$
油层套管（或裸眼完井）	D_5	$\|j_1 - j_0\| \times 100\%$

表3-2　四层次方案每一层套管层次及下深所需达到的要求

四层次方案	下深或下深范围	可信度
表层套管	$D_1^* \sim D_{12}$	
技术套管1	$D_2^* \sim D_{21}$	$\|j_1 - j_0\| \times 100\%$
技术套管2	$D_3^* \sim D_{32}$	$\|j_1 - j_0\| \times 100\%$
油层套管（或裸眼完井）	D_5	$\|j_1 - j_0\| \times 100\%$

二、压力不确定条件下自下而上的套管层次及下深确立方法

同自上而下的方法类似，只是条带是自下而上延伸，其带宽的确定方法和自上而下方法类似，如图3-5所示，其设计步骤如下。

1. 第一水平条带带宽的确立

由设计井深处 D_1 累积概率为 j_0 的钻井液密度下限曲线 $L_{j=j_0}$ 上的点（$L(D_1)_{j=j_0}$，D_1）竖直向上延伸，分别交累积概率为 j_0 和 j_1 的钻井液密度上限曲线 $H_{j=j_0}$ 和 $H_{j=j_1}$ 于点（$H(D_{21})_{j=j_0}$，D_{21}）和点（$H(D_{22})_{j=j_1}$，D_{22}），则第一水平条带带宽：

$$B_1 = D_{21} - D_{22} \qquad (3-11)$$

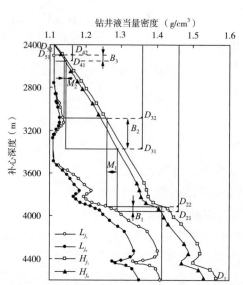

图3-5　压力不确定条件下自下而上套管层次及下深方法示意图

2. 第一竖直条带带宽的确立

将第一水平条带水平向左延伸，分别与累积概率为 j_1 的钻井液密度下限曲线交于点 $(L(D_{21})_{j=j_0}, D_{21})$ 和点 $(L(D_{22})_{j=j_0}, D_{22})$，则第一竖直条带带宽为：

$$M_1 = \left| L(D_{21})_{j=j_0} - L(D_{22})_{j=j_0} \right| \qquad (3-12)$$

3. 带的折叠和延伸

与第一水平条带和第一竖直条带的确立方法类似，将第一竖直条带向上延伸，与曲线 H_{j_1} 和 H_{j_0} 相交产生第二水平条带，以此类推，条带成阶梯状延伸和折叠，直至表层套管下深处。延伸和折叠过程中竖直条带和水平条带带宽的计算公式为：

$$
\begin{cases}
D_{k1} = \max \left\{ H^{-1}(L(D_{i1})_{j=j_1})_{j=j_0}, \; H^{-1}(L(D_{i1})_{j=j_1})_{j=j_1}, \right. \\
\qquad\qquad\qquad \left. H^{-1}(L(D_{i2})_{j=j_1})_{j=j_0}, \; H^{-1}(L(D_{i2})_{j=j_1})_{j=j_1} \right\} \\
D_{k2} = \min \left\{ H^{-1}(L(D_{i1})_{j=j_1})_{j=j_0}, \; H^{-1}(L(D_{i1})_{j=j_1})_{j=j_1}, \right. \\
\qquad\qquad\qquad \left. H^{-1}(L(D_{i2})_{j=j_1})_{j=j_0}, \; H^{-1}(L(D_{i2})_{j=j_1})_{j=j_1} \right\} \\
B_i = D_{k1} - D_{k2} \\
D_{k1} = L^{-1}(M_{i\min})_{j=j_1} \\
D_{k2} = L^{-1}(M_{i\max})_{j=j_1} \\
M_{i\max} = \max \left\{ L(D_{k1})_{j=j_1}, \; L(D_{k2})_{j=j_1} \right\} \\
M_{i\min} = \min \left\{ L(D_{k1})_{j=j_1}, \; L(D_{k2})_{j=j_1} \right\} \\
M_i = M_{i\max} - M_{i\min} \\
D_{i1} > D_{i2}, \; k = i+1, \; i = 1, 2, 3, \cdots, n-1
\end{cases}
\qquad (3-13)
$$

其中，H^{-1}为H的反函数，n为套管总层数。

4. 套管层次及下深范围的确立

其设计出的套管层次及下深结果见表3-3。

表3-3 套管层次及下深设计结果

套管层次	下深或下深范围	可信度
表层套管	$D_{52} \sim D_{51}$	$\lvert j_1 - j_0 \rvert \times 100\%$
技术套管1	$D_{42} \sim D_{41}$	$\lvert j_1 - j_0 \rvert \times 100\%$
技术套管2	$D_{32} \sim D_{31}$	$\lvert j_1 - j_0 \rvert \times 100\%$
技术套管3	$D_{22} \sim D_{21}$	$\lvert j_1 - j_0 \rvert \times 100\%$
油层套管（或裸眼完井）	D_1	$\lvert j_1 - j_0 \rvert \times 100\%$

通过上述套管层次及下深的确立方法，可以根据具有可信度的压力剖面对地层压力不确定条件下的井进行连续的套管层次及下深设计，其主要特点为：

（1）所依据的钻井基础压力数据不再是单一曲线形式的压力剖面，而是具有可信度信息的压力区间。其设计的结果也不再是确定性数值，而是一个连续的范围。

（2）不同可信度的地层压力剖面对套管层次及下深范围均有明显的影响，地层压力剖面的可信度越大，每一深度处的地层压力区间就越大，从而使得套管层次及下深的范围越大，不确定性增加，通过上述方法介绍可知，随着地层压力区间的增加，每一层套管下深的范围也会逐渐增加直到层次发生变化，这就造成依据同一剖面设计出的套管的层数也有可能不同，使得井身结构设计结果的不确定性增加，因此，有效减小相同可信度条件下的地层压力区间，可以减小套管层次及下深的变化范围，减小其设计结果的不确定性。

三、实例分析

应用上述方法，对川东北X3井进行实例设计，此井设计井深5740m，为直井评价井，原井身结构设计方案见表3-4。通过已有的地质构造、分层资料，地质层速度资料和相关的声波时差、密度测井资料，统计得出7个设计系数的取值区间和概率分布，见表3-5。

表3-4 原套管层次及下深设计方案

套管层次方案	下深（m）	使用钻井液密度（g/cm³）
表层套管	300	$\rho_1 = 1.15$
技术套管	3645	$\rho_2 = 1.36$
油层套管	5740	$\rho_3 = 1.60$

表3-5 各设计系数的分布形式

设计系数	分布类型
S_b（g/cm³）	正态分布 N（0.05，0.01）
S_g（g/cm³）	均匀分布 U（0.04，0.06）

设计系数	分布类型
S_f（g/cm³）	正态分布 N（0.03，0.01）
Δp 正常压力地层（MPa）	三角分布 Triangle（12，15，16）
Δp 异常压力地层（MPa）	三角分布 Triangle（16，19.5，21.5）
$\Delta\rho$（油层）（g/cm³）	均匀分布 U（0.06，0.1）
$\Delta\rho$（气层）（g/cm³）	均匀分布 U（0.1，0.12）

根据本书的方法即可得出具有可信度信息的各类钻井液密度上下限剖面，每一深度处呈正态分布形式。取每一深度处累积概率 $j_0 = 0.05$ 和 $j_1 = 0.95$ 作为此处钻井液密度上下限剖面的上下边界，得出各钻井液密度上下限边界曲线 $L_{c1}^{j_0}$、$L_{c1}^{j_1}$、$L_k^{j_0}$、$L_k^{j_1}$、$L_L^{j_0}$、$L_L^{j_1}$、$L_{c2}^{j_0}$、$L_{c2}^{j_1}$、$L_{sk}^{j_0}$、$L_{sk}^{j_1}$，如图 3 - 6 所示。

依照本书建立的风险评价模型及评价步骤，对本井工程设计方案中的套管层次及下深进行了评价。并取式（3 - 13）中 $j_{min} = 0.05$ 和 $j_{max} = 0.95$，整体风险结果见表 3 - 6，部分具有风险井段其所具有的相应风险值随井深的关系如图 3 - 7 至图 3 - 11 所示。

表 3 - 6　套管层次及下深设计方案风险评价结果

井段（m）	钻井液密度（g/cm³）	坍塌风险	井涌风险	钻进井漏风险	压井井漏风险	压差卡钻风险
0 ~ 300	1.15	0	0	0	0	0
301 ~ 2230	1.36	0	0	0	0	0
2230 ~ 2410	1.36	0	5% ~ 34%	0	0	0
2410 ~ 2716	1.36	0	0	0	0	0
2716 ~ 2830	1.36	0	5% ~ 95%	0	0	0
2830 ~ 3645	1.36	0	1	0	0	0
3645 ~ 4442	1.6	0	0	0	0	0
4442 ~ 4490	1.6	0	0	0	0	5% ~ 95%
4490 ~ 4862	1.6	0	0	0	0	1
4862 ~ 5390	1.6	0	0	0	0	5% ~ 95%
5390 ~ 5482	1.6	0	0	0	0	0
5482 ~ 5740	1.6	0	0	0	0	5% ~ 23%

根据上述分析计算结果，原套管层次及下深设计方案在 2230 ~ 2410m、2716 ~ 3645m 存有井涌风险，若考虑通过提高钻井液密度来减小或消除井涌风险井段，分别将原钻井液密度设计值 $\rho_2 = 1.36\text{g/cm}^3$ 分别提至 $\rho_4 = 1.4\text{g/cm}^3$、$\rho_5 = 1.45\text{g/cm}^3$、$\rho_6 = 1.5\text{g/cm}^3$、$\rho_7 = 1.55\text{g/cm}^3$ 和 $\rho_3 = 1.6\text{g/cm}^3$，如图 3 - 12 所示，可知提高钻井液密度能够有效缩短甚至消除存有井涌风险的井段。但是，钻井液密度的增加将会给上部井段带来压差卡钻风险，如图 3 - 13 所示，为不同钻井液密度下的钻进井漏风险随深度的变化。

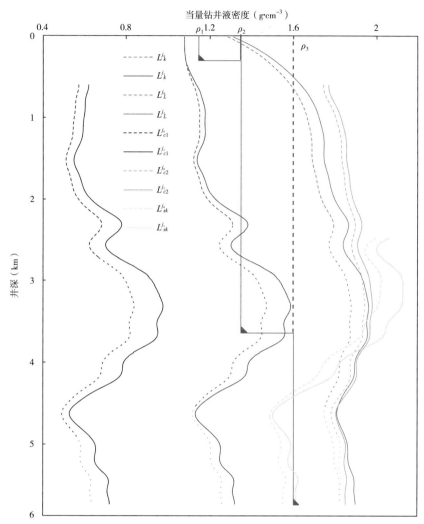

图3-6　含可信度钻井液密度上下限剖面及原井身结构设计方案示意图

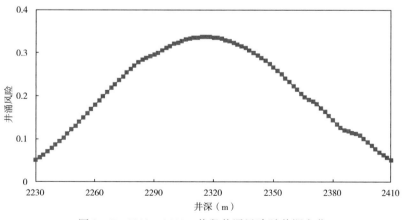

图3-7　2230～2410m井段井涌风险随井深变化

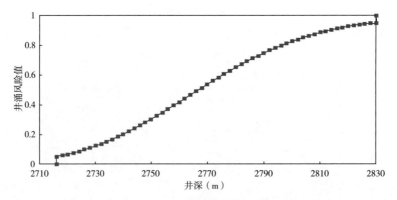

图 3 – 8　2716～2830m 井段井涌风险随井深变化

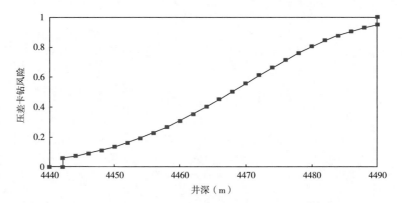

图 3 – 9　4442～4490m 井段压差卡钻风险随井深变化

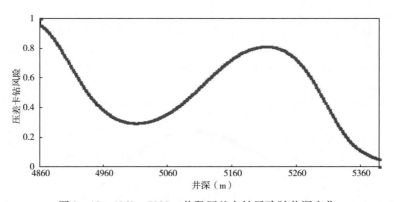

图 3 – 10　4862～5390m 井段压差卡钻风险随井深变化

　　由图 3 – 12 和图 3 – 13 可知，二开井段钻井液钻井液密度由 1.36g/cm³ 加重至 1.4g/cm³、1.45g/cm³、1.5g/cm³、1.55g/cm³、1.6g/cm³，其井涌风险井段分别由 2230～2410m、2716～3645m 井段缩减至 2772～3645m 井段、2828～3645m 井段、2912～3645m 井段、3094～3645m 井段及没有井涌风险井段；但其钻进井漏风险分别由没有钻进井漏风险井段增加至 300～370m 井段、300～494m 井段、300～648m 井段。

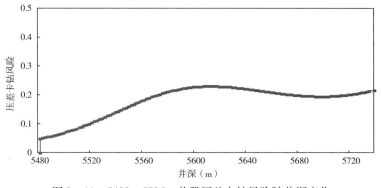

图 3 – 11　5482～5736m 井段压差卡钻风险随井深变化

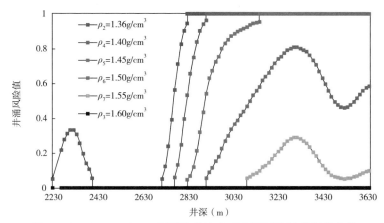

图 3 – 12　2230～3645m 不同钻井液密度井涌风险随井深的变化

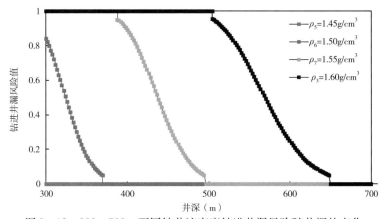

图 3 – 13　300～700m 不同钻井液密度钻进井漏风险随井深的变化

　　同理，对于三开井段，若考虑通过减小钻井液密度来降低下部井段压差卡钻风险，将会给上部井段带来井涌风险，如图 3 – 14、图 3 – 15 所示，三开井段钻井液密度由 1.6g/cm³ 减小至 1.55g/cm³、1.5g/cm³，其压差卡钻风险井段分别由 4442～5390m、5482～5740m 井段缩减至 4552～4792m 井段及没有压差卡钻风险井段；其井涌风险分别由没有井涌风险井段增加至 3645～3716m 井段及 3645～3800m 井段。

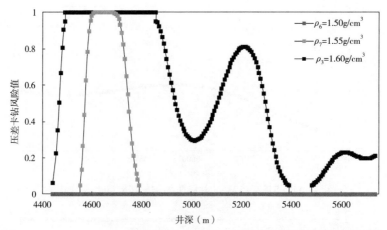

图 3 - 14　4440 ~ 5740m 采用不同钻井液密度时压差卡钻风险随井深的变化

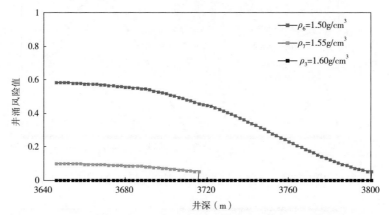

图 3 - 15　3645 ~ 3800m 采用不同钻井液密度时压差卡钻风险随井深的变化

由上述讨论可知，原套管层次及下深设计方案二开井段具有较大的井涌风险，若采取加重钻井液密度降低井涌风险，在上部井段又会有具有较大的钻进井漏风险，而三开井段具有较大的压差卡钻风险，若采取减小钻井液密度降低压差卡钻风险，在上部井段又会有较大的井涌风险。因此无法满足裸眼井段安全钻进的目标，推荐采用增加一层套管的层次及下深方案，见表 3 - 7，四段式套管层次及下深方案。

表 3 - 7　推荐套管层次及下深设计方案

套管层次	下深（m）	钻井液密度（g/cm³）
表层套管	300	1.16
技术套管 1	669	1.23
技术套管 2	3871	1.60
油层套管	5740	1.45

据该井的完井总结报告，三开井段为防止井涌将钻井液密度提高至 1.6g/cm³ 进行钻进，从 5292 ~ 5430m 井段发生 3 次严重的卡钻事故，事故处理时间分别为 6.3d、1.9d

和 65.66d。

对压力信息具有不确定性的井，提出依据含有可信度压力剖面的自上而下和自下而上的井身结构设计方法。该方法避免了传统设计方法对关井井涌和压差卡钻深度进行试算和验证的过程，可得出连续的套管层次及下深范围，实例井分析与实际结果吻合较好。

参 考 文 献

［1］沈忠厚. 油井设计基础和计算［M］. 北京：石油工业出版社，1988.

［2］《钻井手册（甲方）》编写组. 钻井手册（甲方）［M］. 北京：石油工业出版社，1990.

［3］陈庭根，管志川. 钻井工程理论与技术［M］. 东营：石油大学出版社，2000.

［4］窦玉玲. 深水钻井钻井液密度窗口及套管层次确定方法研究［D］. 东营：中国石油大学（华东），2006.

［5］管志川，李春山，周广陈，等. 深井超深井钻井井身结构设计方法［J］. 石油大学学报（自然科学版），2001，25（6）：42－44.

［6］管志川，柯珂，路保平. 压力不确定条件下深水钻井套管层次及下深确定方法［J］. 中国石油大学学报（自然科学版），2009，33（4）：71－75.

［7］褚道宇. 西非深海钻井方案研究项目报告［R］. 北京：中国石化集团国际石油勘探开发有限公司，2008.

［8］Bob Bruce，Glenn Bowers. Well planning for shallow water flows and overpressures – the Kestrel well［R］. OTC 13104，2001.

［9］Salies J. Evolution of well design in the Campos basin deepwater［R］. SPE 52785，1999.

［10］Cunha J C. Planning extended reach wells for deepwater［R］. SPE 74400，2002.

［11］Dumans C F F. Quantification of the effect of uncertainties on the reliability of wellbore stability model prediction［D］. Tulsa：Univ. of Tulsa，1995.

［12］Nobuo Mortia. Uncertainty analysis of borehole stability problems［R］. SPE 30502，1995.

［13］Sergio A B，Dafontoura，Bruno B. Holzberg，Edson C. Teixira，Marcelo Frydman. Probabilistic analysis of wellbore stability during drilling［R］. SPE 78179，2002.

［14］Liang Q J. Application of quantitative risk analysis to pore pressure and fracture gradient prediction［R］. SPE 77354，2002.

［15］Dahlin，Snaas J. Probabilistic well design in Oman high pressure exploration wells［R］. SPE 48335，1998.

［16］Arlid，Thomas Nilsen，Malene Sandony. Risk – based decision support for planning of an underbalanced drilling operation［R］. SPE/IADC 91242，2004.

［17］Cunha J C. Recent development in risk analysis – application for petroleum engineering［R］. SPE 109637，2007.

［18］Parfitt S H L，Thorogood J L. Application of QRA methods to casing seat selection［R］. SPE 28909，1994.

第四章　井身结构风险分析与定量评价

第一节　含可信度地层压力模型的建立

依据含可信度地层压力剖面的建立方法，可以构建地层压力不确定性定量描述的数学模型。设某一深度处的地层压力预测模型为：

$$p_t = P_t \ (X_1, \ X_2, \ X_3, \ \cdots, \ X_n) \tag{4-1}$$

式中　p_t——预测的地层压力值；

t——地层压力的种类，可分别表示地层孔隙压力（$p_t = p_\mathrm{p}$）、坍塌压力（$p_t = p_\mathrm{c}$）或者破裂压力（$p_t = p_\mathrm{F}$）；

$p_t \ (X_1, \ X_2, \ X_3, \ \cdots, \ X_n)$——$n$ 个不确定性参数 $X_1, \ X_2, \ X_3, \ \cdots, \ X_n$ 为变量的函数。

对每个参数通过概率理论进行分析，可得出每个参数的概率分布情况，其概率密度函数表达式为：

$$p_{X_i} \ (x) \ = f_i \ (x_{i1}, \ x_{i2}, \ x_{i3}, \ \cdots, \ x_{im}) \ (i = 1, \ 2, \ 3, \ \cdots, \ n) \tag{4-2}$$

式中　$p_{X_i} \ (x)$——参数 X_i 的概率密度分布函数；

$x_{i1}, \ x_{i2}, \ x_{i3}, \ \cdots, \ x_{im}$——此函数的参量，如在正态分布中，其共有两个参量 $x_{i1}, \ x_{i2}$，分别表示位置参数 μ 和尺度参数 σ。

压力预测函数中每一个变量都具有各自的分布形式，对于变量较少、分布形式简单的，可以直接通过概率函数计算方法得出其压力值 p_t 的概率密度函数，从而确定其分布状态。对于变量复杂，直接理论计算得出的函数形式参数过多，过程过于繁琐的压力预测模型来说，可由 Monte - Carlo 模拟，寻求较为简单的概率分布函数进行拟合。根据多位学者的研究，其压力值的分布多为正态分布或对数正态分布形式。

通过上述方法，得到在深度 h_i 处的地层压力 p_t 的累积概率函数 $F_{h_i} \ (p_t)$，在不同的深度处分别求取其地层压力 p_t 的累积概率函数，即可组成一个累积概率集合：

$$F \ (p_t) \ = \{F_{h_1} \ (p_t), \ F_{h_2} \ (p_t), \ F_{h_3} \ (p_t), \ \cdots, \ F_{h_n} \ (p_t)\} \tag{4-3}$$
$$(h_1 < h_2 < h_3 < \cdots < h_n)$$

用符号 $(p_t)_{h_i}^j$ 表示深度为 h_i 处地层压力 p_t 的累积概率函数 $F_{h_1} \ (p_t)$ 中累积概率为 j 的地层压力值 p_t，在集合（4-3）中的每一个累积概率函数中，取同样累积概率值 j_0 的地层压力值，则原集合中的元素由一个分布函数变为了一个具体的值，组成的新集合如下所示：

$$(p_t)^{j_0} = \{ (p_t)^{j_0}_{h_1}, \ (p_t)^{j_0}_{h_2}, \ (p_t)^{j_0}_{h_3}, \ \cdots, \ (p_t)^{j_0}_{h_n} \} \tag{4-4}$$
$$(h_1 < h_2 < h_3 < \cdots < h_n)$$

将上述集合中的元素，以压力值$(p_t)^{j}_{h_i}$为横坐标，深度h_i为纵坐标，连点成线即可得出累积概率为j_0的地层压力曲线，仍用符号$(p_t)^{j_0}$表示，由于预测深度h_i不连续，两相邻深度间的压力值通过线性插值获得即可。由此可得累积概率为j_0的地层压力曲线用函数表示的形式为：

$$f_{j=j_0}(p_t, h) = \begin{cases} (p_t)^{j_0}_{h_i}, \ (h = h_i, \ i = 1, 2, 3, \cdots, n) \\ \dfrac{(p_t)^{j_0}_{h_{i+1}} - (p_t)^{j_0}_{h_i}}{h_{i+1} - h_i} h + \dfrac{(p_t)^{j_0}_{h_i} h_{i+1} - (p_t)^{j_0}_{h_{i+1}} h_i}{h_{i+1} - h_i}, \\ (h_i < h < h_{i+1}, \ i = 1, 2, 3, \cdots, n-1) \end{cases} \tag{4-5}$$

式中　$f_{j=j_0}(p_t, h)$——深度为h、累积概率为j_0时地层压力p_t的值。

当获得累积概率为j_1、j_2（$j_1 \neq j_2$）的地层压力曲线$(p_t)^{j_1}$、$(p_t)^{j_2}$后，两条曲线即构成可信度为$|j_1 - j_2| \times 100\%$的地层压力剖面，它表示深度h_i处的地层压力落在区间$[(p_t)^{j_1}_{h_i}, \ (p_t)^{j_2}_{h_i}]$中的概率为$|j_1 - j_2| \times 100\%$，例如累积概率为5%的地层孔隙压力曲线和95%的地层孔隙压力曲线构成了可信度为90%（95%-5%）的地层孔隙压力剖面，即表示地层孔隙压力有90%的可能落在此区域内。通过这种方法，即可建立起含可信度的地层孔隙、坍塌及破裂压力剖面。

根据概率统计理论，每一深度处地层压力的概率密度函数和累积概率分布函数解析解表达式为：

$$p_{t(h)}[p_{t(h)}] = \begin{cases} p_{h_i}[p_{t(h_i)}] \ (h = h_i, \ i = 1, 2, 3, \cdots, n) \\ \displaystyle\int_{-\infty}^{+\infty} \dfrac{h_{i+1} - h}{h_{i+1} - h_i} \cdot p_{h_i}\left[\dfrac{h_{i+1} - h_i}{h_{i+1} - h}(y - y_2)\right] \cdot \dfrac{h - h_i}{h_{i+1} - h_i} p_{h_{i+1}}\left[\dfrac{h_{i+1} - h_i}{h - h_i} y_2\right] \mathrm{d}y_2, \\ (h_i < h < h_{i+1}, \ i = 1, 2, 3, \cdots, n) \end{cases} \tag{4-6}$$

$$F_{t(h)}[p_{t(h)}] = \begin{cases} F_{h_i}[p_{t(h_i)}] \ (h = h_i, \ i = 1, 2, 3, \cdots, n) \\ \displaystyle\int_{-\infty}^{p_{t(h)}} \int_{-\infty}^{+\infty} \dfrac{h_{i+1} - h}{h_{i+1} - h_i} \cdot p_{h_i}\left[\dfrac{h_{i+1} - h_i}{h_{i+1} - h}(y - y_2)\right] \cdot \dfrac{h - h_i}{h_{i+1} - h_i} p_{h_{i+1}}\left[\dfrac{h_{i+1} - h_i}{h - h_i} y_2\right] \mathrm{d}y_2 \mathrm{d}y, \\ (h_i < h < h_{i+1}, \ i = 1, 2, 3, \cdots, n) \end{cases} \tag{4-7}$$

其中

$$y_1 = \dfrac{h_{i+1} - h}{h_{i+1} - h_i} \cdot p_{t(h_i)},$$

$$y_2 = \dfrac{h - h_i}{h_{i+1} - h_i} \cdot p_{t(h_{i+1})} \circ$$

通过上述步骤，即可建立起地层压力（包括地层孔隙压力、地层破裂压力、地层坍塌压力）随深度的概率分布模型。

第二节　含可信度的安全钻井液密度窗口及概率分布的确定

根据压力约束准则，安全钻井液密度上下限的数学表达式简述如下。

（1）防井涌钻井液密度下限值 $\rho_{k(h)}$：

$$\rho_{k(h)} = p_{t(h)} + S_b + \Delta\rho \qquad (4-8)$$

其中，$p_t = p_p$ 表示地层孔隙压力。

（2）防井壁坍塌钻井液密度下限值 $\rho_{c1(h)}$ 和钻井液密度上限值 $\rho_{c2(h)}$：

$$\rho_{c1(h)} = p_{t(h)} + S_b \qquad (4-9)$$

其中，$p_t = p_{cmin}$ 表示地层最小坍塌压力。

$$\rho_{c2(h)} = p_{t(h)} - S_g \qquad (4-10)$$

其中，$p_t = p_{cmax}$ 表示地层最大坍塌压力。

（3）防压差卡钻钻井液密度上限值 $\rho_{sk(h)}$：

$$\rho_{sk(h)} = p_{t(h)} + \frac{\Delta p}{h \times 0.0098} \qquad (4-11)$$

其中，$p_t = p_p$ 表示地层孔隙压力。

（4）防井漏钻井液密度上限值 $\rho_{L(h)}$：

$$\rho_{L(h)} = p_{t(h)} - S_g - S_f \qquad (4-12)$$

其中，$p_t = p_f$ 表示地层破裂压力。

在实际井身结构设计过程当中，抽吸压力系数、激动压力系数、附加钻井液密度、地层破裂压力安全增值、压差卡钻允值等系数既可以根据经验取一确定性数值，也可以根据井的复杂情况分井段取不同的范围区间，并给定其值的概率分布函数，在其值没有侧重的情况下推荐采用均匀分布形式。因此，可得出任意深度处的抽吸压力系数概率密度函数（即PDF）：$p_h(S_b)$，激动压力系数 PDF：$p_h(S_g)$，附加钻井液密度 PDF：$p_h(\Delta\rho)$，地层破裂压力安全增值 PDF：$p_h(S_f)$，压差卡钻允值 PDF：$p_h(\Delta p)$，结合地层压力概率密度函数［式（4-5）］，根据式（4-8）～式（4-12），利用概率统计理论可推导出任意深度处各钻井液密度上下限的概率密度函数和累积概率分布函数。

$\rho_{k(h)}$、$\rho_{c1(h)}$、$\rho_{c2(h)}$、$\rho_{sk(h)}$、$\rho_{L(h)}$ 的概率密度函数和累积概率分布函数表达式分别为：

$$\begin{cases} p_{\rho_{k(h)}}(\rho_{k(h)}) = \int_{-\infty}^{+\infty}\int_{-\infty}^{+\infty} p_{t(h)}\left[\rho_{k(h)} - x_1 - x_4\right] \cdot p_{X_{1(h)}}(x_1) \cdot p_{X_{4(h)}}(x_4)\,\mathrm{d}x_1\mathrm{d}x_4 \\ F_{\rho_{k(h)}}(\rho_{k(h)}) = \int_{-\infty}^{\rho_{k(h)}}\int_{-\infty}^{+\infty}\int_{-\infty}^{+\infty} p_{t(h)}\left[\rho_{k(h)} - x_1 - x_4\right] \cdot p_{X_{1(h)}}(x_1) \cdot p_{X_{4(h)}}(x_4)\,\mathrm{d}x_1\mathrm{d}x_4\mathrm{d}y \end{cases}, p_t = p_p$$

$$(4-13)$$

$$\begin{cases} p_{\rho_{c1(h)}}\left(\rho_{c1(h)}\right) = \displaystyle\int_{-\infty}^{+\infty} p_{t(h)}\left[\rho_{c1(h)} - x_1\right] \cdot p_{X_1(h)}\left(x_1\right)\mathrm{d}x_1 \\ F_{\rho_{c1(h)}}\left(\rho_{c1(h)}\right) = \displaystyle\int_{-\infty}^{\rho_{c1(h)}}\int_{-\infty}^{+\infty} p_{t(h)}\left[\rho_{c1(h)} - x_1\right] \cdot p_{X_1(h)}\left(x_1\right)\mathrm{d}x_1\mathrm{d}y \end{cases},p_t = p_{c\min} \quad (4-14)$$

$$\begin{cases} p_{\rho_{c2(h)}}\left(\rho_{c2(h)}\right) = \displaystyle\int_{-\infty}^{+\infty} p_{t(h)}\left[\rho_{c2(h)} - x_2\right] \cdot p_{X_2(h)}\left(x_2\right)\mathrm{d}x_2 \\ F_{\rho_{c2(h)}}\left(\rho_{c2(h)}\right) = \displaystyle\int_{-\infty}^{\rho_{c2(h)}}\int_{-\infty}^{+\infty} p_{t(h)}\left[\rho_{c2(h)} - x_2\right] \cdot p_{X_2(h)}\left(x_2\right)\mathrm{d}x_2\mathrm{d}y \end{cases},p_t = p_{c\max} \quad (4-15)$$

$$\begin{cases} p_{\rho_{sk(h)}}\left(\rho_{sk(h)}\right) = \displaystyle\int_{-\infty}^{+\infty} p_{t(h)}\left[\rho_{sk(h)} - x_5\right] \cdot p_{X_5(h)}\left(x_5\right)\mathrm{d}x_5 \\ F_{\rho_{sk(h)}}\left(\rho_{sk(h)}\right) = \displaystyle\int_{-\infty}^{\rho_{sk(h)}}\int_{-\infty}^{+\infty} p_{t(h)}\left[\rho_{sk(h)} - x_5\right] \cdot p_{X_5(h)}\left(x_5\right)\mathrm{d}x_5\mathrm{d}y \end{cases},p_t = p_{\mathrm{p}} \quad (4-16)$$

$$\begin{cases} p_{\rho_{L(h)}}\left(\rho_{L(h)}\right) = \displaystyle\int_{-\infty}^{+\infty}\int_{-\infty}^{+\infty} p_{t(h)}\left[\rho_{L(h)} - x_2 - x_3\right] \cdot p_{X_2(h)}\left(x_2\right) \cdot p_{X_3(h)}\left(x_3\right)\mathrm{d}x_2\mathrm{d}x_3 \\ F_{\rho_{L(h)}}\left(\rho_{L(h)}\right) = \displaystyle\int_{-\infty}^{\rho_{L(h)}}\int_{-\infty}^{+\infty}\int_{-\infty}^{+\infty} p_{t(h)}\left[\rho_{L(h)} - x_2 - x_3\right] \cdot p_{X_2(h)}\left(x_2\right) \cdot p_{X_3(h)}\left(x_3\right)\mathrm{d}x_2\mathrm{d}x_3\mathrm{d}y \end{cases},p_t = p_{\mathrm{f}}$$

$$(4-17)$$

其中，$x_1 = S_\mathrm{b}$，$x_2 = -S_\mathrm{g}$，$x_3 = -S_\mathrm{f}$，$x_4 = \Delta\rho$，$x_5 = \dfrac{\Delta p}{h \times 0.0098}$

若各压力和系数的分布形式较为复杂，求解解析解时过于繁琐，也可按照式（4-8）～式（4-12）通过 Monte-Carlo 方法对各个钻井液密度上下限的分布进行模拟，根据模拟出的分布形式采取简单的分布函数进行拟合，为了达到较好的效果，模拟计算可能需要较大的样本数，且有时其结果可能也无法通过简单有效的分布函数进行拟合。

第三节　钻井工程风险的种类及评价方法

根据安全钻井液密度上下限及其分布状态的计算结果，可以将风险分为以下 5 种：井涌风险 R_k、井壁坍塌风险 R_c、钻进井漏风险 R_L、压差卡钻风险 R_{sk}、发生井涌后的关井井漏风险 R_{kL}，定义为：

$$\begin{cases} R_{k(h)} = p_{k(h)}\left(\rho < \rho_{k(h)}\right) = 1 - F_{\rho_{c1(h)}}\left(\rho\right) \\ R_{c(h)} = \max\left\{p_{c1(h)}\left(\rho < \rho_{c1(h)}\right),\ p_{c2(h)}\left(\rho > \rho_{c2(h)}\right)\right\} = \max\left\{1 - F_{\rho_{c1(h)}}\left(\rho\right),\ F_{\rho_{c2(h)}}\left(\rho\right)\right\} \\ R_{sk(h)} = p_{sk(h)}\left(\rho < \rho_{sk(h)}\right) = F_{\rho_{sk(h)}}\left(\rho\right) \\ R_{L(h)} = p_{L(h)}\left(\rho > \rho_{L(h)}\right) = F_{\rho_{L(h)}}\left(\rho\right) \\ R_{kL(h)} = p_{kL(h)}\left(\rho_{\mathrm{kick}} > \rho_{L(h)}\right) = F_{\rho_{L(h)}}\left(\rho_{\mathrm{kick}}\right) \end{cases}$$

$$(4-18)$$

式中　ρ——钻进时的钻井液密度；

ρ_{kick}——井涌关井时环空压力梯度，用当量钻井液密度表示。

从式（4-18）可看出井涌风险为钻井液密度 ρ 低于防井涌钻井液密度下限值 $\rho_{k(h)}$ 的概率 $p_{k(h)}$（$\rho < \rho_{k(h)}$），井壁坍塌的风险为钻井液密度小于防井壁坍塌钻井液密度下限值 $\rho_{c1(h)}$ 的概率 $p_{c1(h)}$（$\rho < \rho_{c1(h)}$）和大于钻井液密度上限值 $\rho_{c2(h)}$ 的概率 $p_{c2(h)}$（$\rho > \rho_{c2(h)}$）中的较大值，压差卡钻风险为钻井液密度大于压差卡钻钻井液密度上限值 $\rho_{sk(h)}$ 的概率 $p_{sk(h)}$（$\rho < \rho_{sk(h)}$），井漏风险为钻井液密度大于防井漏钻井液密度上限值的概率 $p_{L(h)}$（$\rho > \rho_{L(h)}$），关井井漏风险为井涌关井时环空压力梯度大于防井漏钻井液密度上限值 $\rho_{L(h)}$ 的概率 $p_{kL(h)}$（$\rho_{\text{kick}} > \rho_{L(h)}$）。

在实际工程设计中，某些分布（例如正态分布）无法取无穷值进行计算，因此工程设计人员通常取累积概率接近 0 或接近 1 的变量值近似作为累积概率为 0 和 1 的边界值，这样可以有效地缩小其值范围，减小不确定域，但仍能满足工程应用。例如式（4-13）～式（4-17）中分别取累积概率为 j_0（接近 0）和 j_1（接近 1）时的压力值：$\rho_{k(h)}^{j_0}$、$\rho_{k(h)}^{j_1}$、$\rho_{c1(h)}^{j_0}$、$\rho_{c1(h)}^{j_1}$、$\rho_{c2(h)}^{j_0}$、$\rho_{c2(h)}^{j_1}$、$\rho_{sk(h)}^{j_0}$、$\rho_{sk(h)}^{j_1}$、$\rho_{L(h)}^{j_0}$、$\rho_{L(h)}^{j_1}$ 作为各钻井液密度上下限值的最大最小边界值，并定义：

$$\begin{cases} p_m\ (\rho < \rho_{m(h)}^{j_0}) = 0 \\ p_m\ (\rho > \rho_{m(h)}^{j_1}) = 0 \end{cases} \tag{4-19}$$

即定义 $\rho < \rho_m^{j_0}$ 和 $\rho > \rho_m^{j_1}$ 的概率为 0，m 代表 k、$c1$、$c2$、sk，L 表示式（4-18）中的不同风险类型。

针对任意一种井身结构，根据其设计的钻井液密度、套管层次和下深，可以将其对应于所建立的风险概率剖面中进行风险值的定量计算。下面以井涌风险，钻进井漏风险和关井井漏风险为例介绍其风险评价的具体步骤（图4-1）。

（1）根据不同深度处的累积概率分布函数［如式（4-5）和式（4-6）］，取累积概率分别为 j_0（接近 0）和 j_1（接近 1）时的防井涌钻井液密度下限值 $\rho_{k(h)}^{j_0}$、$\rho_{k(h)}^{j_1}$，防井漏钻井液密度上限值 $\rho_{L(h)}^{j_0}$、$\rho_{L(h)}^{j_1}$ 作为各自范围的上下界限，且满足定义式（4-12），从而得出防井涌钻井液密度下限值曲线 $L_k^{j_0}$、$L_k^{j_1}$ 构成的防井涌钻井液密度下限剖面，以及防井漏钻井液密度上限值 $L_L^{j_0}$、$L_L^{j_1}$ 构成的防井漏钻井液密度上限剖面，如图4-1所示。

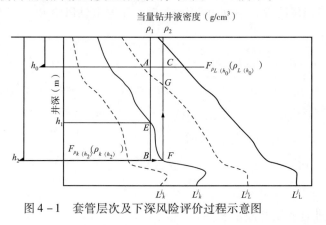

图4-1　套管层次及下深风险评价过程示意图

（2）如图4-1所示，设计的某一层套管的下深为 h_0 至 h_1，此井段设计钻井液密度为

ρ_1，下面举例说明此套管下深方案在深度 h_0 和 h_2 处的井涌风险 R_k、钻进井漏风险 R_L 以及关井压井井漏风险 R_{kL}。在井深 h_0 处，$\rho_1 > \rho_{k(h_0)}^{j_1}$，由定义式（4–12），此处井涌风险值为 0，根据此处防井漏钻井液密度上限的概率密度函数 $p_{\rho_{L(h_0)}}$（$\rho_{L(h_0)}$）和分布函数 $F_{\rho_{L(h_0)}}$（$\rho_{L(h_0)}$）（图 4–2、图 4–3），由式（4–12）知此处的钻进井漏风险为 $F_{\rho_{L(h_0)}}$（ρ_1），钻进至深度 h_1 处时，如图 4–1 中点 E，开始具有井涌风险，直至设计套管下深 h_2 处，即图 4–1 中井段 EB 都具有井涌风险，根据深度 h_2 处的防井涌钻井液密度下限的概率密度函数 $p_{\rho_{L(h_2)}}$（$\rho_{L(h_2)}$）和分布函数 $F_{\rho_{L(h_2)}}$（$\rho_{L(h_2)}$）（图 4–2、图 4–3），由式（4–12）可知设计钻井液密度为 ρ_1 时 h_2 处的井涌风险为 $1 - F_{\rho_{k(h_2)}}$（ρ_1），若 h_2 处发生井涌，最大可能关井环空压力梯度值为 $\rho_2 = \rho_{k(h_2)}^{j_1}$，如图 4–1 中 F 点所示，此时对上部地层可能会造成井漏风险，存在关井井漏风险的层段为 CG 段，同理，h_0 处的井漏风险为 $F_{\rho_{L(h_0)}}$（ρ_2）（图 4–3）。h_0 和 h_2 处的 3 种风险结果如表所示。同理，可以计算任意深度处的井涌风险、钻进井漏风险和关井井漏风险。同理也可计算不同深度的其他风险值，见表 4–1。

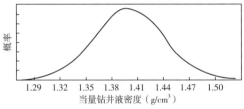

图 4–2　深度 h_2 处 $\rho_{k(h_2)}$ 的概率密度分布

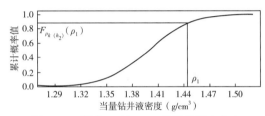

图 4–3　深度 h_2 处 $\rho_{k(h_2)}$ 的累积概率分布

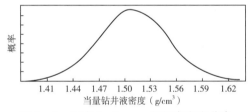

图 4–4　深度 h_0 处 $\rho_{L(h_2)}$ 的概率密度分布

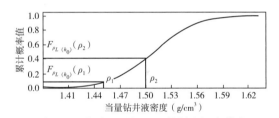

图 4–5　深度 h_0 处 $\rho_{L(h_2)}$ 的累积概率分布

表 4–1　井涌和井漏风险定量评价结果

设计钻井液密度	设计下深	井涌风险	钻进井漏风险	关井井漏风险
ρ_1	h_0	0	$F_{\rho_{L(h_0)}}$（ρ_1）	$F_{\rho_{L(h_0)}}$（ρ_2）
ρ_1	h_2	$1 - F_{\rho_{k(h_2)}}$（ρ_1）	0	0

第四节　井身结构方案风险分析实例

应用上述方法，对川东北 X4 井进行实例计算，此井设计井深 6200m，为直井评价井。通过已有的地质构造、分层资料，地质层速度资料和相关的声波时差、密度测井资料，得出钻井液密度上下限剖面，其中，取抽吸压力系数和激动压力系数在区间 [0.04，0.06] 上呈均匀分布，地层压裂安全增值在区间 $[0.02, 0.04]$ 上呈均匀分布，压差允值，在正常压力井段时为区间 $[12, 16]$ 上的均匀分布，异常压力井段时为区间 $[16, 21.4]$ 上的均匀分布，孔隙压力安全附加值油井为 $[0.06, 0.1]$ 上的均匀分布，气井为 $[0.1, 0.12]$ 上的均匀分布。得出其各钻井液密度上下限的分布解析解为对数正态分布形式，由于标准偏差均较小，可用正态分布进行较好的替代，以简化计算。取每一深度处累积概率 $j_0 = 0.05$ 和 $j_1 = 0.95$ 作为此处钻井液密度上下限剖面的上下边界，得出各钻井液密度上下限边界曲线 $L_{cl}^{j_0}$、$L_{cl}^{j_1}$、$L_k^{j_0}$、$L_k^{j_1}$、$L_L^{j_0}$、$L_L^{j_1}$、$L_{c2}^{j_0}$、$L_{c2}^{j_1}$、$L_{sk}^{j_0}$、$L_{sk}^{j_1}$（图 4-6）。依照本文建立的风险评价模型及评价步骤，对本井工程设计方案中的套管层次及下深（表 4-2）进行了评价，评价过程如图 4-7 所示，结果见表 4-3。

表 4-2 X4 井原井身结构设计方案

套管层次方案	下深（m）	使用钻井液密度（g/cm³）
表层套管	548	$\rho_1 = 1.15$
技术套管	3579	$\rho_2 = 1.36$
油层套管	6200	$\rho_3 = 1.50$

由表 4-3 看出，此套管层次及下深方案在井段 3550~3579m 存有井涌风险，但其风险值较小，如图 4-7 所示，最大风险位置为 3579m 处，风险值为 14.4%（1-86.6%），3712~4395m 井段存有井涌风险，图 4-8 所示为此井段不同深度的防井涌钻井液密度下限累积概率分布，可知在本例设计方案中，钻井液密度为 1.5g/cm³ 时不同深度处的井涌风险，从图中可知井段 3820~4210m 的井涌风险值为 1，为重点井涌事故考虑井段。

表 4-3 X4 井套管层次及下深设计方案风险评价结果

井段（m）	钻井液密度（g/cm³）	坍塌风险	井涌风险（%）	钻进井漏风险	压井井漏风险（%）	压差卡钻风险
0~548	1.15	0	0	0	0	0
549~3550	1.15	0	0	0	0	0
3550~3579	1.36	0	5~14.4	0	0	0
3579~3712	1.50	0	0	0	0	0
3712~3820	1.50	0	5~95	0	0	0
3820~4210	1.50	0	1	0	0~48	0
4210~4395	1.50	0	5~95	0	0	0
4395~6200	1.50	0	0	0	0	0

根据本层次及下深设计方案，若考虑通过提高钻井液密度降低 3712~4395m 井段的井涌风险，分别将钻井液密度提高至 ρ_4（1.54g/cm³）、ρ_5（1.60g/cm³）、ρ_6（1.64g/cm³），如图 4-9 所示，通过提高钻井液密度，能够有效缩短甚至消除存有井涌风险的井段。但是，钻井液密度的增加将会给下部井段带来新的压差卡钻风险，3 种钻井液密度下的压差卡钻风险随深度的变化，如图 4-10 所示。

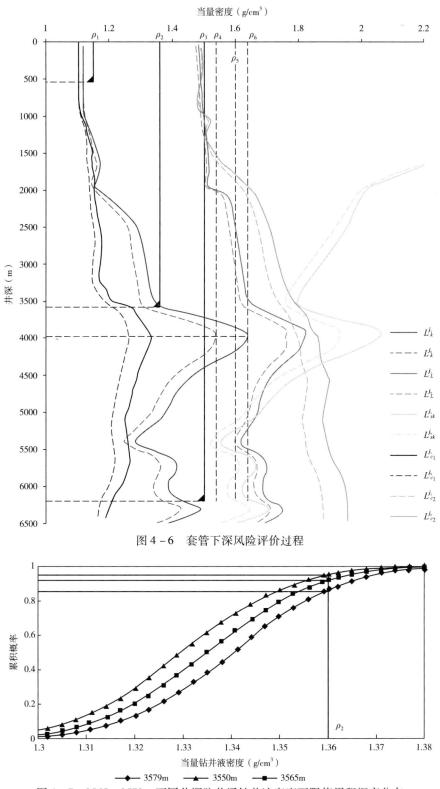

图 4-6　套管下深风险评价过程

图 4-7　3565～3579m 不同井深防井涌钻井液密度下限值累积概率分布

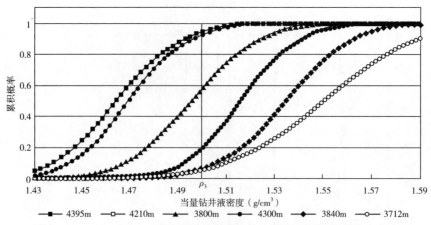

图 4 - 8 3712~4395m 不同井深防井涌钻井液密度下限值累积概率分布

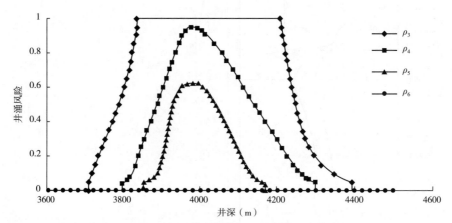

图 4 - 9 3600~4600m 不同钻井液密度井涌风险随井深的变化

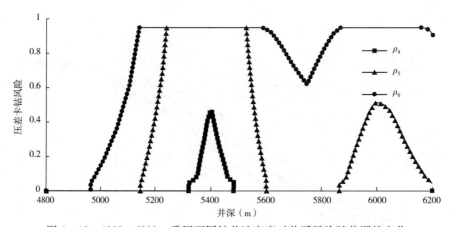

图 4 - 10 4800~6200m 采用不同钻井液密度时井涌风险随井深的变化

由图 4 - 9 可知，三开井段钻井液密度由 $1.50g/cm^3$ 加重至 $1.54g/cm^3$、$1.60g/cm^3$、$1.64g/cm^3$，其井涌风险井段分别由 3712~4295m 井段缩减至 3800~4300m 井段、3860~

4160m 井段及没有井涌风险井段，但其压差卡钻风险分别由没有压差卡钻风险井段增加至 5320 ~ 5480m 井段、5140 ~ 5600m 井段和 5865 ~ 6200m 井段、4965 ~ 6200m 井段，如图 4 - 10 所示。

根据本井的完井总结报告，钻至井深 3950. 16m 时发生井涌并发生了井喷，之后将钻井液密度提高至 1. 60g/cm³ 继续钻进，至 5506. 14 ~ 5805m 井段频繁发生较严重的卡钻事故，为处理多起严重卡钻事故共耗时 44d，事故实发井段均在预计范围内。

上述分析表明：对于压力信息具有一定不确定性的井来说，对预测过程中所使用的模型及其参数的不确定性因素进行分析，通过概率统计理论对各参数的分布状态进行分析，得出含有可信度的压力剖面，从而使得压力剖面也不再是单一的曲线，而是一个具有可信度信息的范围。参考压力约束准则，并对相邻区块已钻井设计资料中的相关数据进行统计，将抽吸系数等钻井液密度安全设计系数由传统的单一数值转变为带有概率分布形式的区间，得出具有概率分布信息的针对不同风险类型的安全钻井液密度上下限，其算法更为科学、合理。通过风险评判模型，不仅可以对套管层次及下深设计方案进行风险种类的评价，还能明确有可能发生风险的井段，为钻井决策者做好重点防备措施或者制定预备方案提供了充分的前提条件，有利于施工的安全、顺利、有效进行。

井身结构设计是一个动态的过程，钻前应根据可能遇到的情况设计多种备用方案，在钻井过程中，还要根据实时钻井资料和发生井下复杂事故的类型，及时对原设计方案进行调整、修正和优化。例如本文中实例计算的这口深井在钻遇各种复杂情况时，应对原方案进行调整，若满足完井尺寸要求，则推荐增加一层套管，其增加的成本明显小于井上花费 44d 处理事故的各项花费总和，若是深水，加上昂贵的平台作业费用，其优势更为明显。

参 考 文 献

［1］ Dumans C F F. Quantification of the effect of uncertainties on the reliability of wellbore stability model prediction ［D］. Univ. of Tulsa, Tulsa, 1995.

［2］ Nobuo Mortia. Uncertainty analysis of borehole stability problems ［R］. SPE 30502, 1995.

［3］ Sergio A. B. Dafontoura, Bruno B. Holzberg, Edson C. Teixira, Marcelo Frydman. Probabilistic analysis of wellbore stability during drilling ［R］. SPE 78179, 2002.

［4］ Liang Q J. Application of quantitative risk analysis to pore pressure and fracture gradient prediction ［R］. SPE 77354, 2002.

［5］ Dahlin, Snaas J. Probabilistic well design in Oman high pressure exploration wells ［R］. SPE 48335, 1998.

［6］ Arlid, Thomas Nilsen, Malene Sandony. Risk - based decision support for planning of an underbalanced drilling operation ［R］. SPE/IADC 91242, 2004.

［7］ Cunha J C. Recent development in risk analysis - application for petroleum engineering ［R］. SPE 109637, 2007.

［8］ Parfitt S H L, Thorogood J L. Application of QRA methods to casing seat selection ［R］. SPE 28909, 1994.

［9］ Bob Bruce, Glenn Bowers, Robb Borel. Well planning for shallow water flows and overpressure - the Kestrel well ［R］. OTC 13104, 2001.

［10］ Pattillo P D, Payne M L, Webb T R, Sharadin J H. Application of decision analysis to deepwater well integrity assessment ［R］. OTC 15133, 2003.

［11］Tim Bedford，Roger Cooke. Probabilistic risk analysis：foundations and methods ［M］. 北京：世界图书出版公司，2003.

［12］茆诗松，程依明，濮晓龙. 概率论与数理统计教程 ［M］. 北京：高等教育出版社，2004.

［13］陈庭根，管志川. 钻井工程理论与技术 ［M］. 东营：石油大学出版社，2000.

［14］窦玉玲. 深水钻井钻井液密度窗口及套管层次确定方法研究 ［D］. 东营：中国石油大学（华东），2006.

第五章　套管钻头系列优选研究及应用

第一节　套管—井眼间隙配合要求

套管与井眼之间应有合适的间隙。间隙过大或过小，都会给钻井、固井工作带来一系列不利的影响。

（1）间隙过大，将明显增加钻井成本。

套管与井眼的间隙设计得过大，会导致比较大的套管及钻头尺寸，增加钻井成本。一方面，钻头尺寸大，钻屑体积大，机械钻速低，每米钻进成本高，消耗的功率也增大；另一方面，套管尺寸大，将明显增加一口井的费用。因此，从降低钻井成本的角度考虑，套管与井眼的间隙尽可能设计得小一些。

（2）间隙过大，将影响水泥浆的顶替效率，增加固井成本。

已有研究表明，在保持其他条件（排量、水泥浆性能、钻井液性能、套管居中度等）不变的情况下，水泥浆的顶替效率主要取决于流体的流态和环空压降。紊流状态比层流状态的顶替效率高；不论是层流还是紊流，环空压力降越大，顶替效率越高。在排量相同的条件下，小间隙环空比大间隙环空的压耗大，且更易达到紊流状态。因此，只要套管能够居中，小间隙环空将比大间隙环空的顶替效率高。此外，环空间隙大，水泥用量也就大，固井费用增大。

（3）套管与井眼的间隙过小，固井质量难以保证。

套管与井眼的间隙较小时，可能会影响注水泥的质量。一方面，管体及接箍处的间隙小，可能会导致水泥浆过早地脱水形成水泥桥；另一方面，间隙过小，达不到要求的水泥环强度。因此，设计的套管—井眼间隙应保证水泥浆的充分水化和有足够的水泥环强度。

（4）套管与井眼的间隙过小，不利于下套管作业。

套管与井眼之间的环空间隙应能使套管及套管柱上的各种工具如扶正器和刮泥器顺利入井。套管—井眼间隙设计得过小，由于井眼不规则和滤饼的存在，容易造成井壁黏附，套管接箍也容易刮磨井壁或挂在井内台阶上。尤其是当存在井斜和狗腿、构造应力井塌、缩径及高钻井液密度等问题时，下套管时的阻卡现象更为严重。

（5）套管与井眼的间隙过小，下套管时的压力激动容易压裂地层。

下套管时一个突出的工程问题是产生压力激动。常规的固井作业都在套管柱底部装有回压阀，下套管时不允许钻井液进入套管，只能通过套管外环空上返。当黏滞性钻井液被迫通过管外环空上返时，便产生压力激动。在地层破裂压力与地层孔隙压力间的差值不够大的情况下，该激动压力将压裂地层而造成钻井液漏失。套管—井眼间隙直接影响下套管时环空波动压力的大小。在下套管速度相同的条件下，套管—井眼间隙越小，下套管时产生的波动压力越大。当该波动压力与环空静液柱压力之和大于地层的破裂压力时就会压漏地层，此外，环空间隙过小将导致注水泥期间的当量循环密度较大，循环压力有可能超过地层破裂压力而导致钻井液漏失。

综上所述，从提高钻速和水泥浆顶替效率、降低工程成本等方面考虑，套管与井眼的间隙值应设计得小一些。但间隙过小，下套管困难且下套管时引起的激动压力可能压漏地层，固井质量也难以保证。因此，在设计套管与井眼的间隙配合时，必须认真分析与套管—井眼间隙相互关联的各种因素及其影响规律，参考国内外的成功经验，在确保快速、安全、优质钻井前提下，按工程成本最低的原则确定出合理的套管与井眼的间隙值，为设计合理套管与钻头的尺寸组合提供依据。

一、固井对套管—井眼间隙的要求

为确保固井质量，套管与井眼的间隙必须满足如下要求：

（1）避免水泥浆在较小的环隙内局部先期脱水造成桥堵。

（2）有利于提高水泥浆的顶替效率。

（3）水泥环要有足够的强度，能承受套管重力及射孔等井下作业产生的冲击载荷。

1. 避免形成水泥桥堵的最小间隙

当套管与井眼的环隙较小时，水泥滤饼填满环形空间的最大允许失水量就比较小，很容易造成局部先期脱水形成水泥桥。美国的几家注水泥公司报道称：在较深的高温井中，环隙较小时水泥桥经常出现。这些公司建议套管每边的最小环隙为 9.5 ~ 12.7mm，最好为 19mm。当然，是否形成桥堵还取决于水泥浆的失水性能、地层的渗透性、井内压力与地层压力之差以及注水泥时间。

2. 顶替效率与环空间隙的关系

在所有影响顶替效率的因素中，水泥浆流态是最主要的因素。紊流比层流的顶替效率高，这一点已被石油界所公认。而注水泥时能否达到紊流，不仅取决于水泥浆流量，还与环空间隙大小有直接的关系。在水泥浆流量相同的情况下，小间隙环空更容易达到紊流状态，有利于提高水泥浆的顶替效率。但也不能因此说环空间隙越小顶替效率就一定越高，因为环空间隙还直接影响套管的居中度 [居中度 = （套管与井眼最小间隙/井眼与套管的半径之差）×100]。研究表明，要从窄边处把钻井液充分清除，居中度必须不小于 67%，居中度小于 67% 时，清除钻井液的困难程度急剧增加。在套管与井眼间隙较小的情况下，居中度很难达到 67%，尤其是在斜井眼和水平井眼中，居中度更难以保证。石油工业界普遍认为，最优的环空尺寸为 19 ~ 38mm，小于 19mm，套管居中度难以保证，且下套管摩擦阻力大，大于 38mm，环空间隙大，需要大排量来保证环空返速。现在的研究表明，这个标准需要修改，因为钻井液和水泥浆性能的改善及注水泥工艺的改进，可以在较小的间隙内显著地提高顶替效率。大量的现场实践已证明，11mm 的环空间隙仍可以获得界面胶结良好的水泥环。

3. 水泥环强度与厚度的关系

关于水泥环强度与厚度的关系，国内外在这方面的研究较少。Adams 研究提出：19mm

的环空间隙可以保证水泥浆的充分水化和有足够的水泥环强度；要达到要求的水泥环强度，管柱每边最小的环空间隙为 9.5~12.7mm。

二、安全顺利下套管对套管—井眼间隙的要求

从安全顺利下套管的角度考虑，套管与井眼的间隙越大越好。但是，间隙过大，将明显增加钻井成本并影响水泥浆的顶替效率。因此需要找出安全顺利下套管要求的最小间隙值。

为保证套管安全顺利下入井内，与之配合的井眼尺寸必须满足两方面的要求：

（1）能使套管柱上的各种工具如扶正器和刮泥器通过。

（2）在一定的下套管速度（一般不低于每 5min 一单根或 0.04m/s）下，钻井液沿环空上返时产生的压力激动不压漏薄弱地层。

1. 扶正器与井眼尺寸的配合

套管扶正器的作用是使套管能下至预定井深并促使套管位于井眼中心。表 5-1 给出了扶正器与井眼的正规尺寸配合，符合该尺寸配合时，扶正器可产生有效扶正套管的扶正力。

表 5-1 扶正器与井眼尺寸配合

扶正器尺寸		井眼尺寸	
（in）	（mm）	（in）	（mm）
4.5	114	6，6.25，7.875	152，159，200
5	127	6，6.125，6.25，7.875	152，156，159，200
5.5	140	6.625，7.875，8.75，9.875	168，200，222，251
6.625	168	8.375	213
7	178	8.375，8.5，8.75，9.875	213，216，222，251
7.625	194	8.375，8.5，8.625，9.625，9.875	213，216，219，244，251
8.625	219	12.25	311
9.625	244	12.25	311
10.75	273	14.75	375
11.75	298	15.5	394
13.375	340	17.5	444
16	406	20	508
18.625	473	22	559
20	508	24	610

注：此表根据 API Spec. 10D 整理。

2. 波动压力与套管—井眼间隙的关系

下套管时一个突出的工程问题是产生压力激动。常规的固井作业都在套管柱底部装有回压阀，下套管时不允许钻井液进入套管，只能通过套管外环空上返。当黏滞性钻井液被迫通过管外环空上返时，便产生压力激动。必须设法防止此压力激动超过地层破裂压力而造成钻井液漏失。

影响下套管时产生波动压力的主要因素包括：

（1）管外环空的横截面积。

（2）套管下入速度。

（3）井筒内的钻井液密度和流变性。

（4）套管柱长度。

（5）活动管柱以下的液柱长度。

（6）套管、地层和裸眼井段的压缩率。

（7）钻井液的压缩性。

（8）运动套管柱的轴向弹性。

（9）套管环空的偏心度。

为研究波动压力与套管—井眼间隙的关系，建立了环空瞬态波动压力模型及基本方程，编制了计算机软件，可以根据一口井的具体条件对安全下入某种尺寸套管的最小井眼尺寸进行设计并优化，使其达到可接受的下套管速度。

3. 国内外成功经验

（1）一般地，平接箍套管能下入管体与井眼间隙为 $12.7 \sim 15.9$mm 的井眼内；带接箍的套管能下入接箍与井眼间隙稍小于 12.7mm 的井眼内。

（2）在裸眼井段使用无接箍套管，而在有套管的井段使用带接箍的套管，可消除因平接箍套管易黏附井壁和因接箍端部刮井壁而卡套管的危险。

（3）在 148.2mm 井眼内能成功下入 $\phi 127$mm 套管（塔里木深井、超深井）。在 215.9mm 井眼内可以下入 $\phi 193.7$mm 近平接箍套管（德国 KTB 超深井）。

三、其他因素对套管—井眼间隙的影响

在确定套管与井眼的间隙时，还要考虑地层性质、井斜与狗腿、套管类型及尺寸、钻头尺寸和钻井工艺水平的影响。

1. 地层性质的影响

地层性质的影响主要体现在井壁稳定性方面。地层较硬，稳定性较好，套管与井眼的间隙可以相对小一些。对比较软的地层，特别是易坍塌或易缩径的复杂地层如水敏性泥页岩、盐岩层、未成岩疏松地层等，套管与井眼间隙应相对大一些。例如 311.15mm 的井眼，在硬地层可下入 $\phi 273.05$mm 的套管，而在软地层应下入 $\phi 244.47$mm 套管。

2. 井斜和狗腿的影响

井斜的影响在大斜度井眼和水平井眼中比较突出。在大斜度井眼和水平井眼中，岩屑容易沉淀在下侧井壁，并积累形成岩屑床，减小了套管与井眼的实际间隙，将影响套管的顺利下入和固井质量。因此，在大斜度井段和水平井段，套管与井眼的间隙应设计得大一些。Wilson 和 Sabins 研究指出：套管/井眼尺寸的配合和套管居中度对水平井段的注水泥效果有着较大的影响，选择套管/井眼尺寸时，需要有 38mm 的间隙，套管居中度至少要有 60%，才能消除低边窜槽和污染。

经验认为，套管/井眼间隙比较小时狗腿对下套管作业影响较大。某野猫井，表层套管下至 1500m，$\phi 311$mm 井眼钻至 4500m，有几处严重度为 $3°/30$m 的狗腿，$\phi 273$mm 套管下至 3600m 处卡死，被迫提前固井。因此，对于狗腿严重的井段，应适当加大套管/井眼的间隙值。

3. 套管类型和尺寸的影响

采用直连型套管，可以适当减小套管与井眼的间隙。因为直连型套管柱由本体上螺纹连接，没有接箍，刮削阻力小，同时也可减小窄间隙处形成水泥桥的危险。

通常，大尺寸套管采用较大间隙值，如 ϕ339.7mm 套管通常下入 444.5mm 井眼，与 ϕ508mm 套管配合的井眼尺寸为 660mm。这主要是因为大尺寸套管一般用于较软地层的浅井段。

此外，外层套管尺寸直接影响内层套管的间隙值。如：ϕ177.8mm 套管的外层套管为 244.5mm，则只能通过 ϕ215.9mm 钻头，ϕ177.8mm 套管与井眼的间隙为 19mm；若采用 ϕ270mm 外层套管，则可以通过 ϕ241.3mm 钻头，ϕ177.8mm 套管与井眼的间隙可以扩大到 31.75mm。

4. 钻头尺寸的影响

套管与井眼的间隙受钻头尺寸系列的限制。虽然当代钻头制造业几乎可以提供任何尺寸的钻头，可是非标准或不常用的钻头尺寸可能不具备所有令人满意的特性，钻头供应和选择合适的型号都将受到限制。因此，在最终确定套管与井眼的间隙时，应考虑选用标准尺寸的钻头，尽可能选用常用尺寸的钻头。

5. 钻井工艺水平的影响

在确定套管与井眼的间隙时，要考虑钻井工艺水平的影响。井眼钻得垂直、规则，钻井液性能好，则套管与井眼间隙可以相对小一些。如在德国 KTB 超深井钻井中，采用了自动垂直钻井系统，可钻出一个垂直的、规则的井眼轨迹，因此设计的套管与井眼的间隙值比较小。

第二节　套管与钻头尺寸的配合关系优选

一、国内外实践过的套管/钻头尺寸配合

调研分析了国内外数十种具有代表性的井身结构实例，对实践过的套管/钻头尺寸配合进行了总结（表 5 - 2 和表 5 - 3），供设计时参考。

表 5 - 2　国内外实践过的套管/钻头尺寸配合

套　管　尺　寸		钻　头　尺　寸		间　隙　值	
（in）	（mm）	（in）	（mm）	（in）	（mm）
36	914.4	42	1066.8	3	76.2
30	762.0	34 ~ 36	863.6 ~ 914.4	2 ~ 3	50.8 ~ 76.2
26	660.4	30 ~ 32	762.0 ~ 812.8	2 ~ 3	50.8 ~ 76.2
24.5	622.3	28 ~ 30	711.2 ~ 762.0	1.75 ~ 2.75	44.5 ~ 69.9
24	609.6	28 ~ 30	711.2 ~ 762.0	2 ~ 3	50.8 ~ 76.2
20	508.0	24 ~ 26	609.6 ~ 660.4	2 ~ 3	50.8 ~ 76.2
18.625	473.1	22 ~ 24	558.8 ~ 609.6	1.69 ~ 2.69	42.9 ~ 68.3
16	406.4	17.5 ~ 22	444.5 ~ 558.8	0.75 ~ 3	19.1 ~ 76.2
14	355.6	14.75 ~ 17.5	374.7 ~ 444.5	0.375 ~ 1.75	9.5 ~ 44.5

套 管 尺 寸		钻 头 尺 寸		间 隙 值	
（in）	（mm）	（in）	（mm）	（in）	（mm）
13.375	339.7	14.75 ~ 17.5	374.7 ~ 444.5	0.69 ~ 2.06	17.5 ~ 52.4
11.875	301.7	13.5 ~ 15.5	342.9 ~ 393.7	0.81 ~ 1.8	20.6 ~ 46
11.75	298.7	13.5 ~ 15.5	342.9 ~ 393.7	0.875 ~ 1.875	22.2 ~ 47.5
10.75	273.1	12.25 ~ 14.75	311.2 ~ 342.9	5	19.1 ~ 50.8
9.875	250.8	10.625 ~ 12.25	269.9 ~ 311.2	0.75 ~ 2.0	9.5 ~ 30.2
9.625	244.5	10.625 ~ 12.25	269.9 ~ 311.2	0.375 ~ 1.19	12.7 ~ 33.4
8.625	219.1	9.5 ~ 10.625	241.3 ~ 269.9	0.5 ~ 1.31	11.1 ~ 25.4
7.75	196.9	8.5 ~ 9.875	215.9 ~ 250.8	0.44 ~ 1.0	9.5 ~ 26.9
7.625	193.7	8.5 ~ 9.875	215.9 ~ 250.8	0.375 ~ 1.06	11.1 ~ 28.6
7	177.8	8.375 ~ 8.75	212.7 ~ 241.3	0.44 ~ 1.125	17.5 ~ 22.2
5.5	139.7	6.5 ~ 8.5	165.1 ~ 215.9	0.69 ~ 0.875	12.7 ~ 38.1
5	127.0	5.875 ~ 6.5	149.2 ~ 171.5	0.5 ~ 1.5	11.1 ~ 19.1
4.5	114.3	5.875 ~ 6.125	149.2 ~ 155.6	0.44 ~ 0.75	17.5 ~ 20.6

表5－3 尾管与钻头尺寸的配合关系

尾管尺寸（in）	上层套管尺寸（in）	井眼尺寸（in）	环空间隙［mm（in）］
9.625	13.375	12.25	
	11.75	10.625	11.1（7/16）
7.625	10.75	9.5	23.8（15/16）
	9.625	8.5	11.1（7/16）
7	9.625	8.5	
	9.625	8.625	20.6（13/16）
5.5	9.625	8.5	
	7.625	6.625	14.3（9/16）
5	7.625	6.625	20.6（13/16）
	7	6.125	14.3（9/16）

根据前面对影响套管/井眼间隙各因素的研究分析，参考国内外成功的经验，总结归纳出以下4种套管/钻头尺寸配合方案，以适应不同钻井条件的要求。

1. 大间隙配合方案

这是一种比较保守的设计方案，见表5－4。优点是间隙足够大，能满足复杂井眼条件下下套管和注水泥要求。缺点是可能导致比较大的套管/钻头尺寸组合，费用大。该方案比较适合于：

（1）较软的、疏松的井段。

（2）高构造应力易坍塌井段。

（3）易水化膨胀泥页岩、盐膏岩等复杂层段。

（4）井斜严重层段。

（5）大斜度井眼及水平井眼。

表5-4　套管/井眼大间隙配合关系

套管尺寸（in）	最大接头外径（in）	钻头尺寸（in）	井眼—管体间隙（in）	井眼—接头间隙（in）	推荐外层套管尺寸（in）
$4\frac{1}{2}$	5.0	$6\frac{1}{2}$	1.0	0.75	$7\frac{5}{8}$
5	5.563	$7\frac{7}{8}$	1.4375	1.156	$8\frac{5}{8}$
$5\frac{1}{2}$	6.05	$8\frac{1}{2}$	1.5	1.225	$9\frac{5}{8}$
$6\frac{5}{8}$	7.39	$9\frac{1}{2}$	1.4375	1.055	$10\frac{3}{4}$
7	7.656	$9\frac{1}{2}$	1.25	0.922	$10\frac{3}{4}$
		$9\frac{7}{8}$	1.4375	1.1095	$11\frac{3}{4}$
$7\frac{5}{8}$	8.50	$10\frac{5}{8}$	1.50	1.0625	$11\frac{3}{4}$
$8\frac{5}{8}$	9.625	11	1.1875	0.6875	$13\frac{3}{8}$
$9\frac{5}{8}$	10.625	$12\frac{1}{4}$	1.3125	0.8125	$13\frac{3}{8}$
$10\frac{3}{4}$	11.75	$14\frac{3}{4}$	2.0	1.50	16
$11\frac{3}{4}$	12.75	15	1.625	1.125	$18\frac{5}{8}$
		$15\frac{1}{2}$	1.875	1.375	
$13\frac{3}{8}$	14.375	$17\frac{1}{2}$	2.0625	1.5625	20
16	17.0	20	2.0	1.5	24
$18\frac{5}{8}$	20.0	24	2.6875	2.0	26
20	21.0	26	3.0	2.5	30

2. 常规间隙方案

该方案为一般的间隙方案，见表5-5，有足够的间隙下套管和进行注水泥固井，能满足大多数的钻井程序，是常规直井和定向井普遍采用的配合关系。

表5-5　套管/井眼常规间隙配合关系

套管尺寸（in）	接头类型	接头外径（in）	钻头尺寸（in）	井眼—管体间隙（in）	井眼—接头间隙（in）	外层套管尺寸（in）
$4\frac{1}{2}$	普通	5.0	$6\frac{1}{8}$	0.8125	0.5625	$7\frac{5}{8}$
	整体	4.6	$5\frac{7}{8}$	0.6897	0.6375	7
5	普通	5.563	$6\frac{1}{2}$	0.75	0.5700	$7\frac{5}{8}$
	整体	5.360				
$5\frac{1}{2}$	普通	6.05	$7\frac{1}{2}$	1.0	0.725	$8\frac{5}{8}$
			$7\frac{7}{8}$	1.1875	0.91255	
$6\frac{5}{8}$	普通	7.39	$8\frac{1}{2}$	0.9375	0.555	$9\frac{5}{8}$
	整体	7.00	$8\frac{3}{8}$	0.875	0.6875	

续表

套管尺寸（in）	接头类型	接头外径（in）	钻头尺寸（in）	井眼—管体间隙（in）	井眼—接头间隙（in）	外层套管尺寸（in）
7	普 通 整 体	7.656 7.390	8¾ 8½	0.875 0.75	0.547 0.555	9⅝
7⅝	普 通 整 体	8.50 8.01	9½	0.9375	0.500 0.745	10¾
8⅝	普 通 整 体	9.625 9.120	10⅝	1.0	0.500 0.7525	11¾
9⅝	普 通	10.625	12¼	1.3125	0.8125	13⅜
10¾	普 通	11.75	14¾	2.0	1.50	16
11¾	普 通	12.75	14¾	1.5	1.0	16
13⅜	普 通	14.375	17½	2.0625	1.5625	18⅝ 20
16	普 通	17.0	18½ 20	1.25 2.0	0.75 1.5	20 24
18⅝	普 通	20.0	24	2.6875	2.0	26
20	普 通	21.0	26	3.0	2.5	30

3. 小间隙方案

该方案（表 5－6）设计的套管与井眼的间隙比较小，接近合格注水泥间隙的下限(0.375in)。选择此配合关系时，应对套管接头、钻井液密度、狗腿、井眼质量等问题给予特殊的注意。为确保套管的顺利下入，在裸眼井段尽可能选用近平接箍或平接箍套管。此设计方案与常规间隙方案相比，其优点是明显减小了井眼尺寸和外层套管尺寸，降低了工程成本，并可以增加套管层次。缺点是小间隙不利于下套管作业。该方案适用于岩性相对稳定的井段和井眼形状规则的井段，常用于套管层次多的深井、超深井井身结构。

表 5－6　套管/井眼小间隙配合关系

套管尺寸（in）	接头类型	接头外径（in）	钻头尺寸（in）	井眼—管体间隙（in）	井眼—接头间隙（in）	推荐外层套管尺寸（in）
4½	普 通	5.0	5⅞	0.6875	0.4375	6⅝
5	整 体	5.360	5⅞	0.4375	0.2575	7
5½	整 体	5.86	6½	0.50	0.320	7⅝
6⅝	普 通 整 体	7.39 7.00	7⅞ 7⅝	0.625 0.5	0.2425 0.3125	8⅝
7⅝	整 体	8.01	8½	0.4375	0.245	9⅝
8⅝	整 体	8.773	9½	0.4375	0.3635	10¾
9⅝	整 体	10.10	10⅝	0.50	0.2625	11¾

套管尺寸 （in）	接头类型	接头外径 （in）	钻头尺寸 （in）	井眼—管体间隙 （in）	井眼—接头间隙 （in）	推荐外层套管尺寸 （in）
10¾	普　通 整　体	11.75 11.46	12¼	0.75	0.25 0.395	13⅜ 14
13⅜	普　通 整　体	14.375	14¾	0.6875	0.1875	16
16	普　通 整　体	17.0 16.465	17½	0.75	0.250 0.5175	18⅝

4. 管下扩孔方案

随着随钻扩眼技术、偏心钻头、双中心钻头的发展，越来越多地采用套管下扩孔技术。这一技术在某些情况下却有重要用途。一项重要的用途是解决在未经扩孔的裸眼内下套管的间隙过小的问题。例如，有些公司认为在 8.5in 的井眼内下 7.625in 平接箍的衬管不进行管下扩孔是不能采用的，若下入 7in 套管，将使较深井段的套管尺寸受到限制。此外，应用管下扩眼技术，可以采用较小尺寸的外层套管和较小的井眼几何形状，降低井的总成本，见表 5-7。由于管下扩眼技术尚处于发展阶段，故目前应用不是很普遍。随钻扩眼器、偏心钻头、双中心钻头与标准钻头相比，可能不具备令人满意的特征。

表5-7　采用扩眼技术的套管/井眼配合关系

套管尺寸 （in）	接头类型	接头外径 （in）	井眼尺寸 （in×in）	井眼—套管间隙值		推荐外层 套管尺寸 （in）
				井眼—管体 （in）	井眼—接头 （in）	
5	普　通	5.563	5⅞×6½*	0.75	0.4685	7
5½	普　通	6.05	6½×7½	1.0	0.725	7⅝
7	普　通 整　体	7.656 7.390	7½×8½	0.75	0.422 0.555	8⅝
7⅝	普　通	8.50	8½×9⅞	1.125	0.6875	9⅝
8⅝	普　通	9.625	9½×10⅝*	1.0	0.500	10¾
9⅝	整　体	9.750	9½×10⅝*	0.5	0.4375	10¾
9⅝	普　通	10.625	10⅝×12¼	1.3125	0.8125	11¾
10¾	普　通	11.75	12¼×13½	1.375	0.875	13⅜
11¾	整　体	12.0	12¼×13½	0.875	0.75	13⅜
11¾	普　通	12.75	12¼×14¾	1.5	1.0	14
13⅜	普　通	14.375	14½×17½	2.0625	1.5625	16

*代表可能的方案。

二、钻头尺寸的合理选择

长期的钻井实践已证明，$\phi212.7\text{mm} \sim \phi241.3\text{mm}$（$8\frac{3}{8} \sim 9\frac{1}{2}\text{in}$）直径是最理想的钻头尺寸。理由是：

（1）钻头的轴承相对较大，钻头寿命长。

（2）可以使用标准钻铤组合提供足够的钻压，获得满意的转速，钻进速度快。

（3）可以使用常规 $\phi127\text{mm}$（5in）钻杆机常用配套工具。

（4）钻柱与井眼的环隙比较合适，有利于井眼净化和提高钻头水功率。

因此，在选择井眼几何形状时，尽可能让更多的井段使用 $\phi212.7\text{mm} \sim \phi241.3\text{mm}$（$8\frac{3}{8} \sim 9\frac{1}{2}\text{in}$）钻头钻进。

大井眼（$\phi311\text{mm}$ 以上）的钻进效率较低，大尺寸钻头的选择范围也比较窄，成本较高。井眼尺寸过大，使用的钻井液量将增加，井眼的净化可能不充分。很多钻机的泵功率不足以净化上部大尺寸井段。总之，大井眼各项工作效率均下降。因此对于上部大井眼，应尽量选用比较小的标准尺寸钻头，推荐使用最佳钻头尺寸。

对小井眼（$\phi152.4\text{mm}$ 以下）钻井，钻井界一直有争议。钻小井眼的目的之一是降低钻井成本，但从现场实践情况看，往往是不成功的。原因有很多：

（1）较小的牙轮钻头的轴承小、寿命低、效率低。由于对这些钻头的需求量少，钻头供应和选择合适的型号都受到限制。

（2）与常规尺寸的牙轮钻头相比，钻速低（仅为常规钻头的 20%），掉牙轮次数多，起下钻时间增多。

（3）小井眼钻具尺寸小（$\phi66.7\text{mm}$ 或更小些）、壁薄、强度低，容易冲蚀断或扭断。

（4）小井眼钻具组合的内径小，水力摩阻损失大，钻头获得的水功率小。提高泵压将增加刺漏和损坏泵的危险。

（5）在小井眼内进行取心、测试、打捞落鱼等井下作业是极其困难的。

基于以上问题的考虑，在常规的钻井作业中不应设计小井眼，但可以作为井身结构补充设计的替代方案考虑。从牙轮钻头轴承寿命方面考虑，对于井径等于或小于 $\phi212.7\text{mm}$（$8\frac{3}{8}\text{in}$）的井眼，应该尽量选用可以通过上一层套管的最大尺寸的钻头。使用最大钻头钻出最大的井眼，可为成功地下入下一层套管提供更大的安全系数，也使得有可能选择更好的钻头以在下部井眼中获得最佳的钻速。例如：从 $\phi168.3\text{mm} \sim \phi190.5\text{mm}$（$6\frac{5}{8} \sim 7\frac{1}{2}\text{in}$）钻头中选择，则应选择 $\phi190.5\text{mm}$（$7\frac{1}{2}\text{in}$）钻头，虽然钻眼面积大了一些，要钻掉更多的岩石量，但钻头（牙轮）轴承也大了，钻头使用寿命增加，导致最终钻井成本减小。

三、套管与钻头系列优化设计

设计原则：

（1）生产套管尺寸应满足采油、增产措施和井下作业的要求。

（2）尽量采用 API 标准系列的套管和钻头，并向常用尺寸系列靠拢。

（3）在满足下套管和注水泥要求的前提下，采用较小的套管/井眼间隙值，以减小套管和井眼尺寸，但最小不低于 9.5～12.7mm。

（4）正规设计尽量不采用平接箍套管或管下扩眼钻头，但可以作为在小间隙设计中用于扩大井眼间隙或者增加套管层次的一种替代方案加以考虑。

（5）尽可能让更多的井段使用 ϕ212.7mm～ϕ241.3mm（8⅜～9½in）钻头钻进。

（6）对于井径不大于 ϕ212.7mm 的井眼，应尽量选用可通过最小一层套管的最大尺寸钻头，为成功地下套管和注水泥提供更大的安全系数。

（7）对于井径大于 ϕ241.3mm 的井眼，应尽量选用比较小的钻头尺寸，以减少岩石破碎量和提高钻井效率。

（8）借鉴国内外成功的经验，尽量使用现场实践过的套管、井眼尺寸组合，降低工程风险。

（9）表层套管的选择要考虑常用井口防喷装置的规格。

（10）对探井和复杂地质条件开发井，套管程序设计要留有余地，必要时可作出多一层套管柱的选择。

（11）能满足钻井作业要求，有利于实现安全、快速、低成本钻进。

钻井设计通常从需要的生产套管尺寸开始由下向上进行。一般设计步骤为：首先选定生产套管的尺寸，再根据生产套管的外径并留有足够的环隙选择相应的钻头尺寸，然后以上一层套管内径必须让下部井段所用的套管和钻头顺利通过为原则来确定上一层套管柱的最小尺寸。依同样的考虑，选择更浅井段的套管尺寸和钻头尺寸。

1. 四层套管柱方案设计

（1）5in 生产套管四层套管柱设计见表 5 – 8。

表 5 – 8　5in 生产套管四层套管柱设计

方案类型	套管柱类型	套管尺寸 （in）	钻头尺寸 （in）	套管/井眼间隙 （in）	防喷器规格 （in）
I	导　管	13.375	17.5	2.0625	11
	表层套管	9.625	12.25	1.3125	
	技术套管	7	8.5	0.75	
	生产套管	5	5.875	0.4375	
	此方案为小尺寸组合，优点是井眼几何尺寸比较小，钻进成本低。缺点是生产套管段间隙较小，5.875in 井眼须更换 3.5in 钻杆和 4.25in 钻铤。适用于地层比较稳定的浅的生产井。5.875in 井眼可能影响下套管或注水泥，可采用5in 平接箍套管或采用5.875×6.5in 扩眼钻头钻进					
II	导　管	16	20	2.0	11
	表层套管	10.75	14.75	2.0	
	技术套管	7.625	9.5	0.9375	
	生产套管	5	6.5	0.75	
	此方案为常规尺寸组合，在国外应用很普遍。套管/井眼间隙能够满足一般情况下套管和注水泥的要求。适用于一般直井和定向井。缺点是6.5in 井眼须更换 3.5in 钻杆和 4.75in 钻铤					

方案类型	套管柱类型	套管尺寸 （in）	钻头尺寸 （in）	套管/井眼间隙 （in）	防喷器规格 （in）
Ⅲ	导　管	16	20	2.0	13⅝
	表层套管	11.75	14.75	1.5	
	技术套管	8.625	10.625	1.0	
	生产套管	5	7.625	1.3125	
	此方案为大尺寸组合。优点是增大了生产套管与井眼的间隙值，有利于提高生产套管段的固井质量。缺点是导致了比较大的套管尺寸和井眼尺寸，工程成本较高。适用于复杂地质条件下的开发井以及大斜度井、水平井钻井				
Ⅳ	导　管	18.625	24	2.6875	13⅝
	表层套管	13.375	17.5	2.0625	
	技术套管	9.625	12.25	1.3125	
	生产套管	5	8.5	1.75	
	此方案考虑在9.625in和5in套管柱之间备用一层7in套管。优点是生产套管段间隙大，有利于注水泥作业。缺点是表层套管尺寸和井眼尺寸都较大，工程成本高。适用于复杂探井，包括直井、大斜度井、水平井等				

（2）5½in 生产套管四层套管柱设计见表5－9。

表5－9　5½in 生产套管四层套管柱设计

方案类型	套管柱类型	套管尺寸 （in）	钻头尺寸 （in）	套管/井眼间隙 （in）	防喷器规格 （in）
Ⅰ	导　管	16	20	2.0	11
	表层套管	10.75	14.75	2.0	
	技术套管	7.625	9.5	0.9375	
	生产套管	5.5	6.5	0.5	
	此方案为小尺寸组合，优点是井眼几何尺寸比较小，钻进成本低。缺点是生产套管段间隙较小，6.5in井眼须更换3.5in钻杆和4.75in钻铤。适用于地层比较稳定的浅的生产井。若6.5in井眼可能影响下套管或柱水泥，可采用5.5in平接箍套管或采用6.5×7.5in扩眼钻头钻进				
Ⅱ	导　管	16	20	2.0	13⅝
	表层套管	11.75	14.75	1.5	
	技术套管	8.625	10.625	1.0	
	生产套管	5.5	7.625	1.0625	
	此方案为普通尺寸组合，套管/井眼间隙能够满足一般情况下套管和注水泥的要求。适用于一般直井和定向井。缺点是7.625in钻头非常用钻头，若8.625in套管通径允许，可改用7.875in钻头，也可使用7.5in钻头				

方案类型	套管柱类型	套管尺寸 （in）	钻头尺寸 （in）	套管/井眼间隙 （in）	防喷器规格 （in）
Ⅲ	导 管	18.625	24	2.6875	13⅝
	表层套管	13.375	17.5	2.0625	
	技术套管	9.625	12.25	1.3125	
	生产套管	5.5	8.5	1.5	
	此方案为大尺寸组合。优点是较大的套管/井眼间隙为下套管和注水泥作业提供了较大的安全系数，井身结构留有余地，遇到复杂情况可以增下一层7.625in平接箍套管。缺点是套管尺寸和井眼尺寸都比较大，工程成本高。适用于探井和复杂地质条件下的开发井以及大斜度井、水平井				

（3）6⅝in 生产套管四层套管柱设计见表 5 – 10。

表 5 – 10　6⅝in 生产套管四层套管柱设计

方案类型	套管柱类型	套管尺寸 （in）	钻头尺寸 （in）	套管/井眼间隙 （in）	防喷器规格 （in）
Ⅰ	导 管	16	20	2.0	13⅝
	表层套管	11.75	14.75	1.5	
	技术套管	8.625	10.6255	1.0	
	生产套管	6.625	7.625	0.5	
	此方案为小尺寸组合，优点是井眼几何尺寸比较小，钻进成本低。缺点是生产套管段间隙较小，须用6.625in套管平接箍套管或7.5in×8.5in偏心钻头。适用于地层比较稳定的浅的生产井				
Ⅱ	导 管	18.625	24	2.6875	13⅝
	表层套管	13.375	17.5	2.0625	
	技术套管	9.625	12.25	1.3125	
	生产套管	6.625	8.5	0.9375	
	此方案为常规尺寸组合，套管/井眼间隙能够满足一般情况下套管和注水泥的要求。适用于一般生产井，包括直井和定向井				
Ⅲ	导 管	20	26	3.0	13⅝
	表层套管	16	18.5	1.25	
	技术套管	10.75	14.75	2.0	
	生产套管	6.625	9.5	1.5	
	此方案为大尺寸组合。优点是较大的套管/井眼间隙为下套管和注水泥作业提供了较大的安全系数。缺点是套管尺寸和井眼尺寸都比较大，工程成本高。适用于较软的、不稳定地层的直井以及大斜度井、水平井				

（4）7in 生产套管四层套管柱设计见表 5-11。

表 5-11　7in 生产套管四层套管柱设计

方案类型	套管柱类型	套管尺寸（in）	钻头尺寸（in）	套管/井眼间隙（in）	防喷器规格（in）
I	导　管	18.625	24	2.6875	13⅝
	表层套管	13.375	17.5	2.0625	
	技术套管	9.625	12.25	1.3125	
	生产套管	7	8.5	0.75	
	此方案为常规尺寸组合，套管/井眼间隙能够满足一般情况下套管和注水泥的要求。适用于一般生产井，包括直井和定向井				
II	导　管	24	30	3.0	16¾
	表层套管	16	20	2.0	
	技术套管	10.75	14.75	2.0	
	生产套管	7	9.5	1.25	
	此方案为大尺寸组合。优点是较大的套管/井眼间隙为下套管和注水泥作业提供了较大的安全系数。缺点是套管尺寸和井眼尺寸都比较大，工程成本较高。适用于较软的、不稳定地层的直井以及大斜度井、水平井				
III	导　管	20	26	3.0	16¾
	表层套管	16	18.5	1.25	
	技术套管	11.75	14.75	1.5	
	生产套管	7	9.5	1.25	
	此方案为留有余地的小间隙组合设计。优点在技术套管和生产套管之间能提供一层9.625in平接箍套管备用。缺点是套管尺寸和井眼尺寸大，工程成本高。适用于复杂地质条件下探井，包括直井、大斜度井和水平井				

2. 五层套管柱设计

（1）5in 生产套管五层套管柱设计见表 5-12。

表 5-12　5in 生产套管五层套管柱设计

方案类型	套管柱类型	套管尺寸（in）	钻头尺寸（in）	套管/井眼间隙（in）	防喷器规格（in）
I	导　管	30	36	3.0	20¾
	表层套管	20	26	3.0	
	技术套管1	13.375	17.5	2.0625	
	技术套管2	9.625	12.25	1.3125	
	生产套管	5	8.5	1.5	
	此方案为一种留有余地的大尺寸组合设计。优点是：各层套管都有足够大的间隙，为下套管和注水泥提供了较大的安全系数；钻遇复杂情况时，可在9.625in和5in套管之间补下一层7in套管。缺点是套管和井眼尺寸比较大，钻井成本高。适用于地质条件比较复杂的深探井、大斜度井和水平井				

方案类型	套管柱类型	套管尺寸 （in）	钻头尺寸 （in）	套管/井眼间隙 （in）	防喷器规格 （in）
II	导　管	24	28	2.0	16¾
	表 层 套 管	16	20	2.0	
	技 术 套 管 1	10.75	14.75	2.0	
	技 术 套 管 2	7.625	9.5	0.9375	
	生 产 套 管	5	6.5	0.75	
	此方案为常规尺寸组合，在国外应用很普遍。套管/井眼间隙能够满足一般情况下套管和注水泥的要求。适用于一般直井和定向井				
III	导　管	18.625	24	2.6875	13⅝
	表 层 套 管	13.375	17.5	2.0625	
	技 术 套 管 1	9.625	12.25	1.3125	
	技 术 套 管 2	7	8.5	0.75	
	生 产 套 管	5	5.875	0.4375	
	此方案为较小尺寸组合设计。优点是减小了全井的套管和井眼尺寸，降低了钻井成本，而且可以使用通用防喷装置。它是国内深井、超深井目前普遍采用的设计。缺点是：生产套管段井眼尺寸较小，属小井眼钻井；生产套管与井眼的间隙也比较小，采用平接箍套管也可能影响固井质量，解决的办法是采用5.875in×6.5in扩眼钻头。此设计适用于下部地层比较稳定的直井				
IV	导　管	16	20	2.0	13⅝
	表 层 套 管	11.75	14.745	1.5	
	技 术 套 管 1	9.625	10.625	0.5	
	技 术 套 管 2	7.625	8.5	0.4375	
	生 产 套 管	5	6.5	0.75	
	此方案为最小尺寸组合设计。优点是套管和井眼尺寸都比较小，钻井成本低，生产套管与井眼的间隙也比较理想。缺点是9.625in和7.625in套管都要采用外径小的特殊优质接箍，在地层不太稳定的情况下还须使用随钻扩眼钻头（10.625in×12.25in，8.5in×9.5in）钻进。适用于地层相对比较稳定的直井和定向井				

（2）5½in 生产套管五层套管柱设计见表 5 – 13。

表 5 – 13　5½in 生产套管五层套管柱设计

方案类型	套管柱类型	套管尺寸 （in）	钻头尺寸 （in）	套管/井眼间隙 （in）	防喷器规格 （in）
I	导　管	24	28	2.0	16¾
	表 层 套 管	16	20	2.0	
	技 术 套 管 1	10.75	14.75	2.0	
	技 术 套 管 2	7.625	9.5	0.9375	
	生 产 套 管	5.5	6.5	0.5	
	此方案为小尺寸组合设计，优点是井眼几何尺寸比较小，钻进成本低。缺点是生产套管段间隙较小，6.5in井眼须更换3.5in钻杆和4.75in钻铤。适用于地层比较稳定的生产井。若6.5in井眼可能影响下套管或注水泥，可采用5.5in平接箍套管或采用6.5in×7.5in扩眼钻头钻进				

方案类型	套管柱类型	套管尺寸 （in）	钻头尺寸 （in）	套管/井眼间隙 （in）	防喷器规格 （in）
II	导　管	20	26	3	13⅝
	表 层 套 管	13.375	17.5	2.0625	
	技 术 套 管 1	9.625	12.25	1.3125	
	技 术 套 管 2	8.125	9.5（扩眼）	0.687	
	生 产 套 管	5.5	6.75	0.624	
	此方案的主要特点是生产套管柱与井眼的间隙较大，用9⅝in套管替换10¾in减小下入风险。缺点是8⅛in套管的套管要扩到9½in，但目前已经有相应的技术和配套工具。适用于地层相对比较稳定的直井和定向井				
III	导　管	24	28	2.0	16¾
	表 层 套 管	16	20	2.0	
	技 术 套 管 1	11.75	14.75	1.5	
	技 术 套 管 2	8.625	10.625	1.0	
	生 产 套 管	5.5	7.625	1.0625	
	此方案为普通尺寸组合，套管/井眼间隙能够满足一般情况下套管和注水泥的要求。适用于一般直井和定向井。缺点是7.625in钻头非常用钻头，若8.625in套管通径允许，可改用7.875in钻头，也可使用7.5in钻头				
IV	导　管	26	30	2.0	18¾
	表 层 套 管	18.625	24	2.6875	
	技 术 套 管	13.375	17.5	2.0625	
	技 术 套 管	9.625	12.25	1.3125	
	生 产 套 管	5.5	8.5	1.5	
	此方案为大尺寸组合。优点是较大的套管/井眼间隙为下套管和注水泥作业提供了较大的安全系数，井身结构留有余地，遇到复杂情况可以增下一层7.625in平接箍套管。缺点是套管尺寸和井眼尺寸都比较大，工程成本高。适用于探井和复杂地质条件下的开发井、大斜度井和水平井				
V	导　管	16	20	2.0	13⅝
	表 层 套 管	11.75	14.75	1.5	
	技 术 套 管 1	9.625	10.625	0.5	
	技 术 套 管 2	7.625	8.5	0.4375	
	生 产 套 管	5.5	6.5	0.75	
	此方案为最小尺寸组合设计。优点是套管和井眼尺寸都比较小，钻井成本低。缺点是9.625in和7.625in套管都要采用外径小的特殊优质接箍，在地层不太稳定的情况下还须使用随钻扩眼钻头（10.625in×12.25in，8.5in×9.5in）钻进。适用于地层相对比较稳定的直井和定向井				

（3）6⅝in 生产套管五层套管柱设计见表 5 – 14。

表 5 – 14 6⅝in 生产套管五层套管柱设计

方案类型	套管柱类型	套管尺寸 （in）	钻头尺寸 （in）	套管/井眼间隙 （in）	防喷器规格 （in）
I	导 管	24	28	2.0	16¾
	表 层 套 管	16	20	2.0	
	技 术 套 管 1	11.75	14.75	1.5	
	技 术 套 管 2	8.625	10.6255	1.0	
	生 产 套 管	6.625	7.625	0.5	
	此方案为小尺寸组合，优点是井眼几何尺寸比较小，钻进成本低。缺点是生产套管段间隙较小，须用 6.625in 套管平接箍套管或 7.5in×8.5in 偏心钻头。适用于地层比较稳定的生产井				
II	导 管	26	30	2.0	18¾
	表 层 套 管	18.625	24	2.6875	
	技 术 套 管 1	13.375	17.5	2.0625	
	技 术 套 管 2	9.625	12.25	1.3125	
	生 产 套 管	6.625	8.5	0.9375	
	此方案为常规尺寸组合，套管/井眼间隙能够满足一般情况下套管和注水泥的要求。适用于一般生产井，包括直井和定向井				
III	导 管	30	36	3.0	20¾
	表 层 套 管	20	26	3.0	
	技 术 套 管	16	18.5	1.25	
	技 术 套 管	10.75	14.75	2.0	
	生 产 套 管	6.625	9.5	1.5	
	此方案为大尺寸组合。优点是较大的套管/井眼间隙为下套管和注水泥作业提供了较大的安全系数。缺点是套管尺寸和井眼尺寸都比较大，工程成本高。适用于较软的、不稳定地层的直井以及大斜度井、水平井				
IV	导 管	24	28	2.0	16¾
	表 层 套 管	16	20	2.6875	
	技 术 套 管 1	11.75	14.75	1.5	
	技 术 套 管 2	9.625	10.625	0.5	
	生 产 套 管	6.625	8.5	0.9375	
	此方案的主要特点是减小了 9.625in 套管段的间隙，从而使上部各层套管的尺寸都相对缩小一级，生产套管段仍有足够大的间隙值。缺点是 9.625in 套管要采用特殊优质接箍，可能还需要扩眼钻头扩大间隙。适用于 9.625in 套管段的地层比较稳定的情况				

续表

方案类型	套管柱类型	套管尺寸 （in）	钻头尺寸 （in）	套管/井眼间隙 （in）	防喷器规格 （in）
V	导　管	18.625	24	2.6875	13⅝
	表层套管	13.375	17.5	2.0625	
	技术套管1	11.75	12.25×14.75	1.5	
	技术套管2	9.625	10.625	0.5	
	生产套管	6.625	8.5	0.9375	
	此方案为最小尺寸组合设计。优点是套管和井眼尺寸都比较小，钻井成本低，并可采用常规防喷器。缺点是11.75in套管段要偏心钻头钻进。9.625in套管采用外径小的特殊优质接箍，在地层不太稳定的情况下也要使用随钻扩眼钻头。适用于地层相对比较稳定的直井和定向井				

（4）7in 生产套管五层套管柱设计见表5-15。

表5-15　7in 生产套管五层套管柱设计

方案类型	套管柱类型	套管尺寸 （in）	钻头尺寸 （in）	套管/井眼间隙 （in）	防喷器规格 （in）
I	导　管	26	28	2.0	18¾
	表层套管	18.625	24	2.6875	
	技术套管1	13.375	17.5	2.0625	
	技术套管2	9.625	12.25	1.3125	
	生产套管	7	8.5	0.75	
	此方案为常规尺寸组合，套管/井眼间隙能够满足一般情况下套管和注水泥的要求。适用于一般直井和定向井				
II	导　管	26	30	2.0	18¾
	表层套管	18.625	24	2.6875	
	技术套管1	13.75	17.5	2.0625	
	技术套管2	10.75	12.25	0.75	
	生产套管	7	9.5	1.25	
	此方案优点是生产套管段有较大的间隙，为下套管和注水泥作业提供了较大的安全系数。缺点是10.75in套管段的间隙比较小，须用平接箍套管。适用于12.25in井眼比较稳定的的直井以及大斜度井、水平井				
III	导　管	24	28	2.0	16¾
	表层套管	16	20	2.0	
	技术套管1	11.75	14.75	1.5	
	技术套管2	9.625	10.625	0.5	
	生产套管	7	8.5	1.25	
	此方案的主要特点是减小了9.625in套管段的间隙，从而使上部各层套管的尺寸都相对缩小一级，生产套管段仍有足够大的间隙值。缺点是9.625in套管要采用特殊优质接箍，可能还需要扩眼钻头扩大间隙。适用于9.625in套管段的地层比较稳定的情况				

续表

方案类型	套管柱类型	套管尺寸 （in）	钻头尺寸 （in）	套管/井眼间隙 （in）	防喷器规格 （in）
Ⅳ	导　管	18.625	24	2.6875	13⅝
	表层套管	13.375	17.5	2.0625	
	技术套管1	11.75	12.25×14.75	1.5	
	技术套管2	9.625	10.625	0.5	
	生产套管	7	8.5	0.9375	
	此方案为最小尺寸组合设计。优点是套管和井眼尺寸都比较小，钻井成本低，并可采用常规防喷器。缺点是11.75in套管段要偏心钻头钻进。9.625in套管采用外径小的特殊优质接箍，在地层不太稳定的情况下也要使用随钻扩眼钻头。适用于地层相对比较稳定的直井和定向井				

第三节　TS1井井身结构的应用情况评价与优化可行性分析

1. TS1井五开实钻中下小上大的环空结构造成携岩困难

TS1井实钻井身结构如图5-1所示。四开结束后，在 ϕ273.05mm 的套管上挂 ϕ206.38mm 尾管，然后使用 ϕ165.1mm 钻头五开。由于井深摩阻大，就出现了排量小、泵压高、携岩效果差问题。被迫采用稠浆段塞携砂工艺技术进行分时段打入稠浆进行携砂，尽管该技术取得了一定的效果（图5-2），但增加了施工风险与难度。从照片可以看到，13.7L/s的钻井排量已不能满足正常携岩的要求，但由于泵压已经很高，不可能靠提高排量来提高携岩效率。造成这一结果的主要原因是下部井眼尺寸小，必须使用小排量才不至于造成泵压过高，而小排量在上部 ϕ273.05mm 套管内返速太低，以至不能有效携岩。因此，如果把 ϕ273.05mm 的套管缩小一级，同时把 ϕ165.1mm 钻头放大一级无疑能改善携岩效率，需要论证技术可行性。

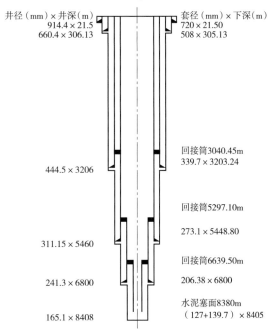

井径（mm）×井深（m）
914.4×21.5
660.4×306.13

444.5×3206

311.15×5460

241.3×6800

165.1×8408

套径（mm）×下深（m）
720×21.50
508×305.13

回接筒3040.45m
339.7×3203.24

回接筒5297.10m
273.1×5448.80

回接筒6639.50m
206.38×6800

水泥塞面8380m
（127+139.7）×8405

图5-1　TS1井实钻井身结构示意图

2. TS1井五开下 ϕ127mm 的完井套管造成完井测试困难

对于 ϕ127mm 油层套管（壁厚11.1mm），内径仅104.8mm。必须考虑射孔后剩余强度问题，否则轻微的套管变形极易造成卡射孔枪、卡封隔器事故发生。一旦发生事故，后续事故处理会非常复杂。因此测试管柱设计中须考虑最坏打算，加入安全接头或丢枪装置。

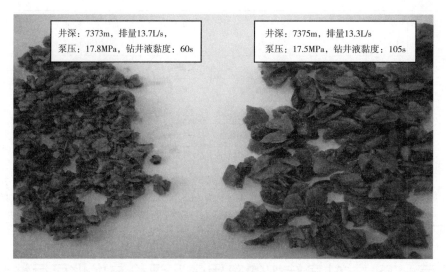

井深：7373m，排量13.7L/s，泵压：17.8MPa，钻井液黏度：60s

井深：7375m，排量13.3L/s，泵压：17.5MPa，钻井液黏度：105s

图 5 - 2　高黏携岩效果对比图

ϕ127mm 为非常规套管，国内针对这类套管没有常用的封隔器，必须专门订做相适应的封隔器，因此，封隔器性能将接受考验。

小井眼试油是公认的试油难题。在优选测试工具的前提下，需保证测试作业液的热稳定性、悬浮性（须严控机械杂质）及流变性适应高温深井长时间产能测试的要求，避免卡封隔器的事故发生。封隔器胶筒的耐温性能决定封隔器的密封性能，也决定着测试的成败，封隔器胶筒须保证高温下长时间测试过程中不炭化、不脱落、不变形，特别是在深井小井眼中，保持封隔器的密封性难度更大。

另外，ϕ127mm 套管完井给中途设计带来如下难点：

（1）坐封段套管内径小，为 104.8mm，满足该井温度和压力的只有 ϕ98.4mm APR 测试工具，套管内径与测试工具外径仅相差 5.74mm，间隙小，通过困难。

（2）从下而上逐层试油，因 ϕ127mm 套管间隙小，如何选择有效的层间封堵方式也是完井试油的难点。

（3）间隙小还会增加管柱被卡的风险。

因此，如果能在不改变上部套管尺寸的条件下扩大五开钻头与完井套管尺寸，将会大大改善五开钻井条件和完井测试条件，需要论证技术可行性。

3. TS1 井 ϕ311.15mm 井眼长井段中下 ϕ273.03mm 套管存在下入风险

在三开井段的 ϕ311.15mm 井眼中下 ϕ273.03mm 无接箍套管，在施工中造成了如下不利影响：

（1）由于 ϕ273.03mm 无接箍套管与 ϕ311.15mm 井眼间隙小，为了确保该管串的下入，即使在三开最大井斜 1.20°，最大全角变化率 1.27°/30m 这样好的井眼条件下，下套管前的通井划眼时间也用了约 18d。

（2）由于 ϕ273.03mm 无接箍套管刚度大，即使通井划眼工作得当，如果井眼质量稍差，还是存在下不到底的风险。

（3）为了能较为顺利地下入 $\phi273.03$mm 套管，在设计中对 $\phi311.15$mm 井眼的井斜、最大全角变化率都做了严格要求，因此制约了施工速度，增加了施工成本。

（4）由于 $\phi273.03$mm 无接箍套管处环空截面积大，上返速度很小，不能有效携岩，以至于五开施工中靠间歇性打高黏度钻井液来提高携岩效率。

因此，如果能减小这层套管的尺寸，无疑会提高钻井效率，其可行性需要论证。

4. TS1 井井身结构优化的可行性分析

可行性分析的思路是考察 TS1 井实钻各层套管与钻头之间的间隙，然后从水力学与套管强度方面分析改变某层套管尺寸的可行性。

TS1 井实钻井身结构，上层套管与钻头间隙，各层套管与上层套管的环空间隙，以及各层套管与裸眼段的环空间隙见表 5–16。

表 5–16　实钻各开次套管环空间隙

序号	钻头直径（mm）	套管外径×壁厚×下深（mm×mm×m）	套管内径（mm）	环空间隙		
				上层套管与钻头间隙（mm）	上层套管重叠段间隙（mm）	套管—裸眼段间隙（mm）
1	660.4	508×12.7×305.13	482.6			76.2
2	444.5	339.7×12.19 ×3203.24	315.345	36.1	71.44	52.39
3	311.15	273.05×13.84 ×5448.8	245.37	4.20	21.15	19.05
4	241.3	206.375×13.5 ×5297–6800	179.375	4.07	19.50	17.46
5	165.1	127×9.19–11.1×6639–8397	104.8	14.27	26.19	19.05

从表 5–16 中的上层套管与钻头间隙值中可以看到，五开钻头尺寸还可以选较大尺寸的钻头，五开套管也可以选择较大直径的套管，从而降低五开钻进时的泵压、提高排量与携岩效果，并改善完井测试与生产条件。在可选用的国外著名公司的钻头系列中，BakeHughes 公司的 171.4mm STX 系列与 MX 系列的钻头适合寒武系地层使用，而 Smith 公司的 171.4mm XR 系列的钻头也适合寒武系地层使用。另外，也可选用 177.8mm FM 系列的 PDC 钻头。

使用 $\phi171.45$mm 或 $\phi177.8$mm 钻头钻进后下 $\phi139.7$mm 的无接箍套管，可以不扩眼固井。

从表 5–16 中的上层套管与钻头间隙值中也可以看到，如果把 $\phi273.05$mm 套管换成 $\phi244.5$mm 套管，$\phi206.375$mm 套管的下入与悬挂都没有问题，只是在四开井段中需要扩眼到 $\phi241.3$mm，改进后井身结构见表 5–17。

表 5–17　改进后的各开次套管环空间隙

序号	钻头直径（mm）	套管外径×壁厚（mm×mm）	套管内径（mm）	环空间隙		
				上层套管与钻头间隙（mm）	上层套管重叠段间隙（mm）	套管—裸眼段间隙（mm）
1	660.4	508×12.7	482.6			76.2
2	444.5	339.7×12.19	315.345	38.1	71.44	52.39

序号	钻头直径（mm）	套管外径×壁厚（mm×mm）	套管内径（mm）	环空间隙		
				上层套管与钻头间隙（mm）	上层套管重叠段间隙（mm）	套管—裸眼段间隙（mm）
3	311.15	244.5×11.05	222.4	4.20	34.4	33.33
4	241.3（扩眼）	206.375×13.5	179.375		8.01	17.46
5	171.4（177.8）	139.7		7.98（1.575）	19.84	15.85（18.65）

采用 ϕ171.4（177.8）mm 钻头及 ϕ139.7mm 的无接箍套管方案后，表 5 - 17 中的间隙尺寸可同时满足固井工艺和悬挂器加工的需要。

采用该结构后，对钻具结构进行了调整，表 5 - 18 是调整前后的对比。然后使用有关软件对两方案的水力参数进行了计算，表 5 - 19 是调整前后的对比数据。结果表明，改进方案提高了环空上返速度。

表 5 - 18 TS1 井不同套管结构及钻具结构表

对比	管具名称		尺寸（in）	尺寸（mm）	井段（m）	段长（m）	内径（mm）	壁厚（mm）	单位质量（kg/m）	单位质量（lb/ft）
改进前	套管结构	套管	10¾	273.05	0～5400	5400	245.37	13.84	90.33	60.71
		套管	8⅛	206.38	5400～6800	1400	179.38	13.5	64.24	43.18
		钻头	6½	165.1	6800～8500	1700				
	钻具结构	钻杆	5½	139.7	—	5200	118.6	10.55	36.84	24.76
		钻杆	3½	88.9	—	3100	70.2	9.35	19.85	13.34
		钻铤	4¾	120.65	—	200	50.8	34.9	74.55	50.1
		钻头	6½	165.1	—	0.4				
改进后	套管结构	套管	9⅝	244.48	0～5400	5400	216.8	13.84	79.62	53.50
		套管	8⅛	206.38	5400～6800	1400	179.38	13.5	64.24	43.18
		钻头	6¾	171.45	6800～8500	1700				
	钻具结构	钻杆	5½	139.7	—	5200	118.6	10.55	36.84	24.76
		钻杆	3½	88.9	—	3100	70.2	9.35	19.85	13.34
		钻铤	4¾	120.65	—	200	50.8	34.9	74.55	50.1
		钻头	6¾	171.45	—	0.4				

表 5 – 19 TS1 井改进后水力参数表

对比	喷嘴组合（mm）	喷嘴面积（mm²）	排量（L/s）	泵压（MPa）	钻头压降（MPa）	系统压力损失（MPa）	环空压耗（MPa）	钻头水马力（kW）	冲击力（N）	喷射速度（m/s）	比水马力（kW/cm²）	泵功率利用率（%）	环空最小返速（m/s）	循环当量密度（g/cm³）	钻井液密度（g/cm³）
改进前	23×3	1246.4	15	18.23	0.092	15.84	2.30	1.37	205.8	12.03	0.01	0.50	0.37	1.16	1.14
改进后	23×3	1246.4	14.2	18.27	0.082	14.36	3.83	1.16	183.6	11.37	0.01	0.45	0.46	1.18	1.14

另外，如果把 ϕ273.03mm 套管换成 ϕ244.5mm 套管，还会有以下优点：

（1）将节约大量钢材，也不用单独加工扶正短节等，降低施工费用。

（2）ϕ311.15mm 井眼下 ϕ244.5mm 套管不存在任何风险。

（3）ϕ273.03mm 套管气井关井时井口抗内压能力有些偏低，ϕ244.5mm 套管抗内压能力要高于 ϕ273.03mm 套管。

（4）改下 ϕ244.5mm 套管唯一的缺点是四开下 ϕ206.3mm 套管，需要扩到 ϕ241.3mm。如果按70%的扩眼效率计算，根据 TS1 井四开的平均机械钻速 1.44m/h 计算，采用该方案 TS1 井四开增加的时间是 17.5d［（6800 – 5400）/1.44×（1/0.7 – 1）/24］。还略小于三开下 ϕ273.03mm 无接箍套管的通井划眼时间，因此，该方案并没有因四开扩眼而延长工期。

（5）采用 ϕ244.5mm 套管方案后四开有可能不下 ϕ206.3mm 套管，直接用 ϕ216mm 钻头完钻。四开 ϕ216mm 钻头钻进到鹰山组大漏时采用俄罗斯膨胀波纹管技术进行封堵，而后继续使用 ϕ216mm 钻头钻进，如果其后又出现必须下技术套管，可将 ϕ216mm 井眼扩到 241mm（下膨胀波纹管井段不需要扩眼）后，下 ϕ206.3mm 套管后继续钻井。

因此，把 ϕ273.03mm 套管换成 ϕ244.5mm 套管，不但技术上有优势，而且钻井风险小，钻井成本低。采用 ϕ171.4mm（或 ϕ177.8mm）钻头五开可以下入 ϕ139.7mm 的完井管柱，解决了完井测试难题。

第四节 我国西部非常规井身结构设计方案推荐

借鉴国外的成功经验和国内深探井的实际情况，结合目前国内外钻头、管材、工具、仪器和工艺技术水平，推荐以下 4 种增加技术套管层次的多压力体系封固的西部非常规井身结构设计方案。

一、井深低于 8000m 井身结构设计推荐方案

1. 方案一

表 5 – 20 适用于上部地层压力相对正常，中下部地层压力异常，需要套管封隔的超深井，国内准噶尔盆地中部 1 区、4 区可采用该方案。

表 5 - 20　非常规系列井身结构优化方案一

开次	钻头直径（mm）	套管直径（mm）
导管	660.4	508
一开	444.5（或406.4）	339.7
二开	311.1	244.5
三开	215.9 扩孔	193.7 无接箍
四开	165.1	127.0（或139.7 无接箍）

该方案的特点是：

（1）在常规井身结构系列的基础上，通过随钻扩孔和无接箍套管的应用，相对扩大了完井井眼的尺寸。

（2）上部井段和下部井段采用常规的钻头和套管，钻井工艺技术成熟，工具仪器、钻井附件配套。

（3）大部分井段（ϕ311.2mm 以上井眼）可使用 ϕ139.7mm 钻杆钻进，大尺寸钻杆可提高遇卡时的提拉能力，还能够减少钻杆内水力能量的损失，有利于提高钻进排量与钻头的水力能量。

（4）完井井眼尺寸为 ϕ165.1mm，与 ϕ149.2mm 井眼相比，破岩效率高，循环压耗小，机械钻速高；环空间隙增大，波动压力减小，有利于复杂地层的钻井和固井施工。

（5）ϕ165.1mm 完井井眼尺寸可以下入 ϕ139.7mm 无接箍套管，除了有利于采油、试油作业，还为增加一层套管留有余地。

该井身结构在国外广泛采用，塔参 1 井首次在 ϕ215.9mm 井眼使用 ϕ244.5mm 扩孔器扩孔（6027.37 ~ 7010m）并下入 ϕ193.7mm 套管。中国石化南方分公司在川东北地区，特别是在河坝 1 井的钻井实践中，高压层、漏失层等多套复杂层位同时出现，若利用原设计的常规井身结构，已经很难完成地质目的。通过 ϕ215.9mm（8½in）井眼扩孔下入 ϕ193.7mm（7⅝in）技术尾管，使用 ϕ165.1mm（6½in）钻头继续钻进，在相同层位、高密度的情况下，平均机械钻速比使用 ϕ149.2mm（5⅞in）钻头钻进有了明显的提高，为本口复杂深井的顺利完钻提供了先决条件。

方案一三开需要随钻扩孔工具和管材方面的准备。ϕ193.7mm 无接箍套管属 API 常用系列。表 5 - 21 中列出了 ϕ193.7mmAPI 无接箍套管强度数据。

表 5 - 21　ϕ193.7mm API 无接箍套管强度数据

钢级	壁厚（mm）	通径（mm）	抗内压强度（MPa）	抗外挤强度（MPa）	抗拉强度（kN）
P - 110	8.33	174.00	57.1	27.1	4101
P - 110	9.53	171.64	65.3	36.9	4101
P - 110	10.92	168.89	74.9	54.3	4484
P - 110	12.70	165.3	87.0	76.4	4982
Q - 125	12.70	165.3	98.9	83.2	5382

对于存在异常高压或塑性地层的井段，若 ϕ193.7mm 的无接箍套管的强度数据不能满足要求，可对推荐方案一进行调整，具体数据见表 5 - 22。

表 5 - 22 调整后的非常规系列井身结构推荐方案一

开次	钻头直径（mm）	套管直径（mm）
导管	660.4	508
一开	444.5（或 406.4）	339.7
二开	311.1	244.5
三开	215.9 扩孔至 244.5	206.4 无接箍
四开	171.4	127.0（或 139.7 无接箍）

调整后的推荐方案一具有以下特点：

（1）扩孔后将 ϕ193.7mm 无接箍套管换为 ϕ206.4mm 无接箍套管。

（2）ϕ206.4mm 无接箍套管与 ϕ244.5mm 井眼的环空间隙为 19.1mm，属正常间隙，能够满足固井施工要求。

（3）ϕ206.4mm 无接箍、壁厚 16mm 套管的通径为 ϕ171.4mm，可采用 ϕ171.4mm（6¾in）钻头钻进，增大了完钻井眼尺寸。

这种井身结构在塔河油田含盐层的（专打专封）超深井中得到应用，通过扩眼后下入 ϕ206.375mm 直联式尾管专封盐层。该井身结构方案减少了 ϕ444.5mm、ϕ311.2mm 井段长度，减小了封盐层套管下入的风险，避免了盐上地层长裸眼井段承压堵漏作业程序，有利于提高机械效率，节省大量人力物力，缩短钻井周期。该方案的缺点是 ϕ206.4mm 直联式套管封盐膏层套管相对缩小了井眼空间，完钻后下入 ϕ139.7mm 套管，若盐下井段长、地层跨度大，会增加下部井眼钻进的难度。

在塔河油田羊塔克 502 井 4652～5297m 膏岩层井段扩孔下入 ϕ206.38mm 无接箍套管。目前，天津钢管厂已具备生产 ϕ206.38mm 无接箍壁厚为 16mm 的套管的能力，套管采用内、外平加金属密封连接，在提高套管在井下环空面积的同时，又能保证套管接头的内、外能力与管体相当。其强度数据见表 5 - 23。

表 5 - 23 ϕ206.38mm 无接箍套管强度数据表

钢级	壁厚（mm）	通径（mm）	抗内压强度（MPa）	抗外挤强度（MPa）	抗拉强度（kN）
TP140V	16.00	171.4	146.20	143.55	1445

2. 方案二

推荐方案二见表 5 - 24，该系列的特点是：

（1）增加了一层套管柱，可提供 4 层中间套管，这对于地下地质条件不很清楚的复杂深井、超深井钻井显然是有利的。

（2）ϕ406.4mm 套管内径较大，可以通过 ϕ374.7mm 钻头，使 ϕ301.6mm 套管柱与井眼之间有较大的间隙，大大降低了固井作业的风险。ϕ301.6mm 套管可以采用普通接箍。在

ϕ469.9mm 井眼内下入 ϕ406.4mm 套管固井也没有问题。

（3）用 ϕ301.6mmAPI 套管取代 ϕ298.5mm 套管和用 ϕ250.8mm API 套管取代 ϕ244.5mm 套管，允许使用壁厚较大的套管以提高抗挤强度，也为下部套管和钻头的下入提供了较大的内径，提高了钻井作业的安全系数。

（4）井身结构留有余地，既可用 ϕ104.8mm 小尺寸钻头加深钻进，也可在 ϕ406.4mm 和 ϕ301.6mm 套管之间增下一层 ϕ339.7mm 无接箍套管。

表5-24 非常规系列井身结构优化方案二

开次	钻头直径（mm）	套管直径（mm）
导管	660.4	508.0
一开	470.0	406.4
二开	374.7	301.6
三开	269.9	250.8
四开	215.9 扩眼	193.7 无接箍
五开	165.1	139.7 无接箍

3. 方案三

推荐方案三见表5-25。该方案提供了一层 ϕ609.6mm 导管来封隔地表疏松砂砾层，可以将 ϕ473.1mm 表层套管尽量下得深一些，对于地质不确定度较高的复杂深井、超深井非常有利。

此外，全井可以不采用偏心扩眼钻头，有利于地层较硬的复杂深井、超深井钻井。

表5-25 非常规系列井身结构优化方案三

开次	钻头直径（mm）	套管直径（mm）
导管	762.0	609.6
一开	558.8	473.1
二开	444.5	339.7（或355.6）
三开	311.1	244.5（或273.1 无接箍）
四开	215.9（或241.3）	177.8（或193.7 无接箍）
五开	152.4（或165.1）	127（或139.7 无接箍）

4. 方案四

推荐方案四见表5-26。

表5-26 非常规系列井身结构优化方案四

开次	钻头直径（mm）	套管直径（mm）	备　注
导管	914.4	720.0	
一开	660.4	508.0	封闭地表流砂层与疏松地层（第四系与新近系顶部）

开次	钻头直径（mm）	套管直径（mm）	备　注
二开	444.5（或406.4）	355.6（或339.7）	封闭易分散、易缩径、易阻卡地层（新近—古近系）
三开	311.1（或316.5）	273.1 无接箍	封闭不同压力系统（于奥陶系风化壳）
四开	241.3 扩孔	193.7 无接箍 （或206.4 无接箍）	封闭潜在承压风险的地层（奥陶系地层）
五开	165.1（或171.4）	127.0 （或139.7 无接箍）	完井套管；当无法持续钻进时，可变为机动层次封闭严重威胁持续钻进的层段，后采用裸眼完井

该系列具有以下特点：

（1）用 ϕ355.6mm 套管取代 ϕ339.7mm 套管，外径较大的 ϕ273.1mm 套管更容易通过；T – 110 级的 128.0kg/m 的 ϕ355.6mm 套管的抗挤毁强度高，在 40MPa 以上。

（2）用 ϕ273.1mm 无接箍套管取代 ϕ244.5mm 套管，可采用 ϕ241.3mm 钻头钻进下部井段，可下入 ϕ193.7mm 尾管，增大了套管与井眼间隙，为下部井眼下入 ϕ139.7mm 套管创造了条件。此外，还可用大壁厚的 ϕ196.9mm 套管增强抗挤能力。

（3）用 ϕ193.7mm（或 ϕ193.7mm）套管取代 ϕ177.8mm 套管，可使用 ϕ165.1mm（或 ϕ171.4mm）钻头钻进下部井段，扩大了下部井眼尺寸。

（4）用 ϕ139.7mm 套管取代 ϕ127mm 套管。对于生产井，采用较大尺寸的生产套管是有好处的；对探井来讲，井身结构留有余地，可用 ϕ104.8mm 钻头继续向下钻进，以满足地质加深的要求。塔里木深井盐膏层钻井中，应采用 ϕ273.1mm×24.38mm KO 2140T 钢级的套管封固盐膏层段。

二、塔河地区井深 8000m 左右超深井井身结构推荐方案

根据西部地区井身结构设计现状分析及上述的设计原则和思路，结合塔河地区的实际地质情况、塔深 1 井井身结构设计及实际跟踪研究中发现的问题，提出了塔河地区井深 8000m 左右的井身结构设计推荐方案，见表 5 – 27 和表 5 – 28。

表 5 – 27　塔河地区井深 8000m 井身结构设计推荐方案一

井眼尺寸与条件 （mm）	大致井深 （m）	套管尺寸 （mm）	说　明
914.4	20	720	Q
660.4	300	508	N_2k 上部
444.5	3200	339.7	E_3s 顶部
311.15	±5400	273.05 （无接箍）	将奥陶系风化壳作为必封点，钻至 C_1b 底部，在风化壳以上 8～10m 完成
241.3	±6400	206.375 （无接箍）	封隔奥陶系风化壳和鹰山组漏失地层，原则上完钻深度为过鹰山组漏失层 150～200m

续表

井眼尺寸与条件（mm）		大致井深（m）	套管尺寸（mm）	说　明
按两种工况考虑	使用 171.4mm 钻头完钻（工况1）	±8400	139.7（无接箍）	如钻遇严重井漏或坍塌掉块或大肚子情况，采用膨胀管技术封隔，继续使用 ϕ171.4mm 钻头钻进直到完钻。如果钻遇必须下套管情况，则钻后扩眼到 190.5mm 后采用工况2（如下 Weatherford ABL，在此井段不扩眼）
	继续钻进需要套管封隔（工况2）171.4 ~ 190.5mm 钻后扩眼钻头	±7800	158.75（无接箍）	假设钻到 ±7800m 必须下套管情况，则钻后扩眼到 190.5mm 下 ϕ158.75 技术尾管
	127	±8400	裸眼完井或下 114.3（无接箍）	如果需要下 ϕ114.3mm 套管，则使用 ϕ127mm × ϕ139.7mm 扩眼钻头进行钻后扩眼后下套管

表 5-28　推荐方案一各开次套管环空间隙

序号	钻头直径（mm）	套管外径×壁厚（mm×mm）	套管内径（mm）	环空间隙		
				上层套管与钻头间隙（mm）	上层套管重叠段间隙（mm）	套管—裸眼段间隙（mm）
1	660.4	508×12.7	482.6			76.2
2	444.5	339.7×12.19	315.345	19.05	71.44	52.39
3	311.15	273.05×13.84	245.37	2.10	21.15	19.05
4	241.3	206.375×13.5	179.375	2.035	19.50	17.46
5	171.4（扩190）	139.7		3.99	19.84	15.85（25.15）

该井身结构设计方案中，五开井眼采用了 ϕ171.4mm（6¾in）钻头，在一定程度上增加了下部井眼尺寸，提高了循环排量和上返速度，提高了携砂能力。因为在塔深1井 ϕ165.1mm 井眼钻进中，由于井眼较小循环排量受到限制，造成岩屑不能有效携带。在井深6800m以下井段，上返的岩屑经过3个尺寸的环型空间：下部的 ϕ165.1mm 井眼与 ϕ88.9mm 钻杆之间；中部 ϕ206.38mm 套管与 ϕ88.9mm 钻杆之间；上部的 ϕ273.05mm 套管与 ϕ88.9mm 钻杆之间。随着 ϕ165.1mm 井眼深度的增加，循环压耗递增，钻井液排量受到限制。一定排量下，钻井液在上部环空的返速（排量14L/s时约0.3m/s）低于其他井段，在14L/s的排量下，对于尺寸在3~6mm范围内的岩屑，马氏漏斗黏度在60s左右的井浆能够满足携砂要求，而尺寸在7~12mm的岩屑，井浆就很难将其带出，只能使用稠浆才能将其带出，频繁地使用稠浆给钻井液的正常维护增加了困难，因此提出井身结构设计推荐方案二，见表5-29和表5-30。

表 5-29　塔河地区井深 8000m 井身结构推荐方案二

井眼尺寸与条件（mm）	大致井深（m）	套管尺寸（mm）	说　明
914.4	20	720	Q
660.4	300	508	N₂k 上部

续表

井眼尺寸与条件（mm）		大致井深（m）	套管尺寸（mm）	说　明
444.5		3200	339.7	E_3s 顶部
311.15		±5400	244.5（或250.5）	将奥陶系风化壳作为必封点，钻至 C_1b 底部，在风化壳以上 8～10m 完成
两种方案可任选一种，建议第一种	215.9	8400	膨胀波纹管	四开 $\phi216mm$ 钻头钻进到鹰山组大漏时采用膨胀波纹管技术进行封堵，而后继续使用 $\phi216mm$ 钻头钻进，如果其后又出现必须下技术套管，可将216mm井眼扩到241.3mm（下膨胀波纹管井段不需要扩眼）下 $\phi206.375mm$ 套管，用 $\phi171.4mm$ 钻头完钻
	241.3（扩眼直径）	±6400	206.375（无接箍）	封隔奥陶系风化壳和鹰山组漏失地层，原则上完钻深度为过鹰山组漏失层 150～200m
按两种工况考虑	使用 171.4mm 钻头完钻（工况1）	±8400	139.7（无接箍）	如钻遇严重井漏或坍塌掉块或大肚子情况，采用 Weatherford ABL 技术封隔，继续使用 $\phi171.4mm$ 钻头钻进直到完钻。如果钻遇必须下套管情况，则钻后扩眼到 190.5mm 后采用工况 2（如下 Weatherford ABL，在此井段不扩眼）
继续钻进需要套管封隔（工况2）	171.4～190.5mm 钻后扩眼钻头	±7800	158.75（无接箍）	假设钻到 ±7800m 必须下套管情况，则钻后扩眼到 190.5mm 下 $\phi158.75mm$ 技术尾管
	127	±8400	裸眼完井或下 114.3（无接箍）	如果需要下 $\phi114.3mm$ 套管，则使用 $\phi127mm×\phi139.7mm$ 扩眼钻头进行钻后扩眼后下套管

表 5-30　推荐方案二各开次套管环空间隙

序号	钻头直径（mm）	套管外径×壁厚（mm×mm）	套管内径（mm）	环空间隙		
				上层套管与钻头间隙（mm）	上层套管重叠段间隙（mm）	套管—裸眼段间隙（mm）
1	660.4	508×12.7	482.6			76.2
2	444.5	339.7×12.19	315.345	19.05	71.44	52.39
3	311.15	244.5×11.99	220.5	2.10	35.4	33.5
4	215.9	膨胀管	221			
	215.9（扩241.3）	206.375×13.5	179.375	2.035	7.06	17.46
5	171.4（扩190.5）	139.7		3.99	19.84	15.85（25.4）

　　该井身结构设计方案，将三开 $\phi311.2mm$ 井眼中 $\phi273.03mm$ 套管换成 $\phi244.5mm$ 或 $\phi250.5mm$ 套管，与塔深 1 井采用 $\phi273.05mm$ 对比，将会大大提高上返速度，改善携岩效率，并有以下优点：

（1）节约成本，降低施工费用。

（2）φ311mm 井眼下 φ244.5mm 套管不存在任何风险。

（3）φ273.03mm 套管气井关井时井口抗内压能力有些偏低，φ244.5mm 套管抗内压要高于 φ273.03mm 套管。

缺点：

（1）四开下 φ206.3mm 套管，需要扩到 φ241.3mm，存在一定的风险。

（2）四开 φ216mm 钻头钻进到鹰山组大漏时，如果采用膨胀波纹管技术进行封堵，而后继续使用 φ216mm 钻头钻进，存在特殊工艺施工的危险。

三、塔河地区特超深井井身结构方案探讨

参照塔深 1 井井身结构设计，推荐井身结构方案如图 5 - 3 所示，该井身结构与相应的钻具结构具有较好的水力效果，可满足更深的钻探需要。

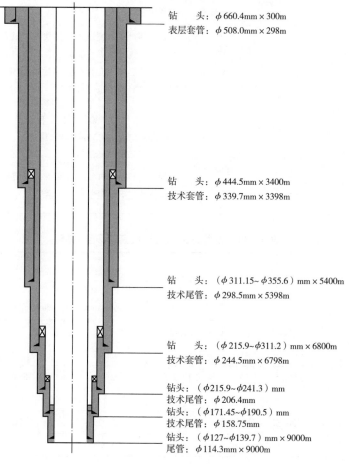

钻　头：φ660.4mm×300m
表层套管：φ508.0mm×298m

钻　头：φ444.5mm×3400m
技术套管：φ339.7mm×3398m

钻　头：（φ311.15~φ355.6）mm×5400m
技术尾管：φ298.5mm×5398m

钻　头：（φ215.9~φ311.2）mm×6800m
技术套管：φ244.5mm×6798m

钻头：（φ215.9~φ241.3）mm
技术尾管：φ206.4mm
钻头：（φ171.45~φ190.5）mm
技术尾管：φ158.75mm
钻头：（φ127~φ139.7）mm×9000m
尾管：φ114.3mm×9000m

图 5 - 3　超过 9000m 的超深井井身结构示意图

（1）表层套管：φ660.4mm×φ508mm×300m。

（2）技术套管：φ444.5mm×φ339.7mm×3400m 封固上部不稳定地层。

（3）技术尾管：（φ311.15~φ355.6）mm×φ298.45mm（全平）×5400m 下到奥陶系

风化壳上部。

（4）技术套管：（φ215.9～φ311.15）mm×φ244.5mm（近平）×（6400～6800）m封隔奥陶系风化壳、鹰山组漏层。

（5）φ215.9mm×φ139.7mm×9000m。如果在钻进过程中出现漏失和破碎地层坍塌，可在φ215.9mm井眼中下入膨胀波纹管，膨胀波纹管可以封隔约0.24g/cm³的地层漏失压力。尽量使用φ215.9mm钻头钻达9000m，下φ139.7mm尾管完井。如果因高压层等因素不能用φ215.9mm钻头钻达设计井深，需要再下一层套管时，继续（6）。

（6）技术尾管：（φ215.9～φ241.3）mm×φ206.4mm×7600m。使用φ215.9～φ241.3mm钻头扩眼并下入φ206.4mm平扣尾管后，尽量使用φ171.45mm钻头钻达9000m，下φ139.7mm平扣套管完井。否则需要再下一层套管时，继续（7）。

（7）技术尾管：（φ171.45～φ190.5）mm×φ158.75mm×8600m。

（8）油层尾管：（φ127～φ139.7）mm×φ114.3mm×9000m。

参 考 文 献

[1] 邹德永，管志川．复杂深井超深井的新型套管柱程序［J］．石油钻采工艺，2000，22（5）：14－18.

[2] 管志川，李春山，周广陈，等．深井和超深井钻井井身结构设计方法［J］．石油大学学报（自然科学版），2001，25（6）：42－44.

[3] 王越之，段异生，金业权，等．非常规套管及钻头尺寸系列设计［J］．江汉石油学院学报，2002，24（2）：83－87.

[4] 巫谨荣，徐云英．德国超深井钻井技术．世界石油工业，1995，2（11）：28－34.

[5] 杨玉坤．非常规套管系列井身结构设计技术现状与在准噶尔盆地应用前景［J］．钻采工艺，2005，28（2）：13，10.

[6] Moritz J，Spoerker H F. Zistersdorf：The deepest well in europe with a TD of 8533m（28061 ft）［R］．SPE/IADC 13486，1985.

[7] Collins J C，Graves J R. The Bighorn No. 1－5：A 25,000ft precambrian test in central Wyoming［R］．Journal of SPE Drilling Engineering，1989，4（1）：13－16.

[8] Wisniewski J W，Tumlinson V H. unique drilling challenges at Danville［R］．SPE 27527，1994.

[9] Roth E G，Payne M L，Leary M J. Deep offshore drilling case history of North Padre Island 960－#1［R］．SPE 16085，1987.

[10] Turki W H. Drilling and completion of Khuff gas wells，Saudi Arabia［R］．SPE 13680，1985.

[11] Shultz S M，Schultz K L，Pageman R C. Drilling aspects of the deepest well in California［R］．SPE 18790，1989.

[12] Koening R L. An extraordinary drilling challenge in the Anadarko Basin［R］．SPE 22575，1991.

第六章　复杂井况条件下套管柱强度分析与计算

在套管柱安全可靠性分析中，最关键的问题是恰当地确定套管在整个使用过程中所承受的最危险的载荷情况，套管在钻井过程和生产过程中所受到的各种载荷可归纳为三种类型：轴向载荷、内压载荷和外压载荷，其产生的原因是多方面的。载荷分析的目的，就是根据钻井、完井及生产过程中的实际工况条件产生的载荷，从中找出最危险的载荷组合，结合考虑磨损、腐蚀和高温对套管强度的影响，选择满足强度要求和生产需要的套管组合，尽可能地提高油井寿命和经济效益。

第一节　深井、超深井套管损坏机理与强度设计考虑因素分析

深井、超深井勘探开发过程中，由于井身结构复杂，套管层次多，井下工况存在较多的不确定性，套管脱扣、螺纹密度失效、磨损、挤毁和腐蚀等事故时有发生，给油气井生产开发带来极大的困难及重大经济损失。本书分析了深井、超深井套管损坏形式及机理，提出了一些套管设计应考虑的因素，期望为进一步改进完善深井、超深井套管设计与评价提供帮助。

一、深井、超深井套管损坏及作用机理分析

1. 轴向力引起的套管损坏

（1）轴向拉力引起的套管损坏。

套管所受的轴向拉力主要包括自重产生的轴向拉力、注水泥、注水（气）、压裂和酸化等作业引发的附加轴向拉力。轴向拉力对套管破坏的作用机理较为简单，一般是强度破坏，表现为本体断裂或脱扣断扣。深井、超深井中套管脱扣容易发生在上部自由段套管和下部封固段套管。旋转钻进时，钻具呈螺旋形撞击套管，在摩擦力的作用下，会导致套管接箍的上部紧扣、下部松扣。在井口不正时，旋转的方钻杆及下接头多次重复撞击、研磨容易造成井口第一根套管磨损及松扣。当套管松扣到一定程度后，在轴向拉伸载荷作用下，套管就会脱扣。由于上部套管受轴向载荷大，故在套管串中，套管脱扣多发生在上部套管接箍螺纹处。由于井眼曲率、井下高温的影响，自由段套管均会弯曲，易导致接箍和套管螺纹发生径向错位和变形，从而造成泄露和脱扣。技术套管钻水泥塞与胶塞时，由于环空间隙小，钻压过大或转速过高，钻头在井底跳动，产生较大的冲击扭矩，导致下部套管退扣而脱落。另外影响螺纹连接强度的因素还有：上扣余量、螺纹的加工表面、螺纹涂层、螺纹密封脂和螺纹清洁程度等。

（2）轴向压力对套管的损坏。

轴向压力对套管的破坏主要是后续层次套管的重量对井口表层套管和技术套管的压缩，以及由于油层枯竭、地层出砂与地质变动等原因导致地层压实，套管自重引起套管轴向失稳。井口部分套管在压缩载荷作用下，产生屈服破坏，而在未封固段和油层出砂段，由于套管悬空，极易出现轴向失稳现象。

对于弱胶结的疏松砂岩油藏，由于其成岩作用相对较弱，岩石粒度小，开采过程中油层极易出砂。油层出砂后，致使部分地层的岩石骨架结构遭到破坏，岩石的强度降低，由于埋藏深部的油层所受的垂向应力大，上覆地层在空间范围内失去岩层的支撑或者支撑力变小，打破了原有的平衡，将引起油藏塌陷、压实、地层下沉，并在垂直和水平方向产生较大的位移。套管的压缩屈服即是由于生产层段较大的垂直变形引起的。如图 6-1 所示，伴随着油藏的塌陷，当砂岩的上覆层及下伏层与套管固结良好，无相对滑动时，该垂向变形就会将一部分地层压力转移到套管上，使套管承受很大的轴向力。当岩层与套管固结不好时，套管与地层之间产生相对滑移，也会对套管产生很大的轴向摩擦力，从而导致套管压缩破坏或者弯曲变形。当由于胶结质量较差或出砂亏空使套管两端的轴向压力超过临界载荷时，套管将在轴向压力作用下产生失稳破坏。

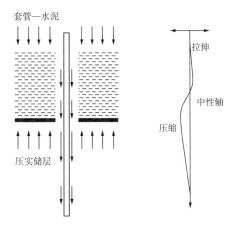

图 6-1　油藏压实引起的套管受力示意图

2. 非均布载荷作用下套管的挤毁损坏

迄今为止，国内外流行的套管抗挤强度设计都是以有效外挤压力均匀分布在套管圆周上的假设为前提条件的，即有效外挤压力按静水压力分布规律计算。这对浅井或井下情况不复杂的井是可行的，但对深井或井下情况复杂的井是有问题的。因为套管柱在井下受到的外挤压力并不都是均匀分布的，如在盐岩层等塑性蠕变地层，由于水泥窜槽、套管偏心等都会使得套管柱受到非均布外挤压力的作用。研究表明，套管柱受均布外挤压力作用时的抗挤强度要比受非均布外挤压力作用时的抗挤强度大得多。这是因为前者服从 Von Mises 准则，套管发生挤毁必须整体达到屈服极限，而后者是局部失稳破坏，即不需要套管整体达到屈服极限就会破坏。现场实践表明，在深井复杂条件下进行套管强度设计时，按上覆岩层压力计算有效外挤压力，结果仍然会发生套管挤毁现象，主要原因之一就是非均布外挤压力使套管抗挤强度大大降低的缘故。如胜利油田的郝科 1 井，设计井深 5500m，目的层为孔二段，钻至设计井深后，因没有钻达设计目的层而加深钻探到 5807.81m，但最终因 ϕ244.5mm 技术套管被蠕动的盐岩层挤毁被迫完钻，该井总共耗资近 1 亿元。其钻井实践表明，采用全掏空计算套管抗挤安全系数是必要的（尤其是气井），但对于蠕变的盐岩层来讲，钻井时以盐膏层地质力学和评价两向水平挤压力差对设计合理壁厚的套管至关重要。

深部盐膏层钻井是钻井工程重大技术难题之一，由于盐膏层岩石性能的特殊性，盐膏层钻井、完井工艺复杂，井下事故频繁。特别是当钻开井眼后盐膏层蠕动，常造成井眼失稳、卡钻、固井后挤毁套管等事故。套管在均匀外挤力作用下具有很高的抗挤强度，但是在非均匀水平外载作用下，其抗挤强度明显降低。因此，研究盐膏层地质力学和评价两向水平挤压力差对设计合理壁厚的套管至关重要。研究适合深部高温高压盐膏层的套管设计方法，提高盐膏层段的套管抗挤及螺纹联接强度。

3. 螺纹密封性引起的套管损坏

正常情况下，地层压力随着井深的增加而增大，套管柱承受的内压力也随井深的增加而增加，一般 5000m 井的关井压力达到 50MPa，对于异常高压地区井口关井压力达到 70MPa，有的固井设计中甚至提出高于 100MPa 的要求。如此高的内压力，不但要求套管抗内压强度要足够，更重要的是对螺纹连接的密封性提出要求。深井、超深井中内压力对套管的损坏主要是管体破裂和螺纹泄漏，其中套管接头泄漏是主要损坏形式。

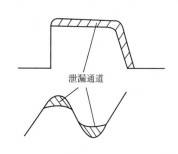

泄漏通道

图 6-2 API 螺纹泄漏通道示意图

传统的套管柱设计中，只进行强度设计，而不进行临界密封压力的校核，使套管在内压力的作用下，可靠性和寿命受到影响。对 API 圆螺纹（LCSG）、偏梯形螺纹（BCSG）及特殊螺纹的密封机理和密封性实物试验研究表明，API 螺纹均为锥度螺纹，设计锥度主要为 1/16（直径方向），其密封性主要依靠配合螺纹过盈啮合产生的接触压力来获得，属锥度螺纹密封。由于结构设计的原因（图 6-2），API 螺纹啮合螺纹间存在一定的间隙，这些间隙成为潜在的泄漏通道。所以 API 螺纹的密封性容易受到多种因素的影响。如螺纹脂的干燥程度、加工公差、上扣控制、复合载荷等。

有限元计算分析表明，套管在不同轴向载荷作用下，螺牙面上的最大接触压力随着轴向拉伸载荷的增大而增大，且呈现出线性关系。API 长圆螺纹套管接头最大接触压力出现在公扣的根部，并且前 4 扣的压力和各种应力较大，最有可能发生黏扣和屈服破坏。随着轴向压力的增加，套管螺纹的接触压力随之减小，当达一定的值时套管螺纹的密封会失效。

对 ϕ139.7mm 不同壁厚的圆螺纹套管密封性影响的实物试验数据表明，对于 API LCSG 套管在螺纹脂湿润状态下（未烘干）N80 型套管压力达 38MPa 未泄漏；J55 套管泄漏压力是 26.7MPa，但经过烘干 12h 后，其气密封性迅速下降，泄漏压力小于 15MPa。

弯曲条件下的水压试验结果表明，对于 ϕ139.7mm × 7.72mm J55 LCSG 套管，当狗腿度不超过 21.57°/30m 时，其具有良好的水密封性能，而当超过 25°/30m 后，其水密封性迅速降低，甚至强度也可能出问题。深井用 BCSG 螺纹套管接头强度超过 100% VME，但其水密封压力仅为 50% ~ 60% VME，由气体产生的内压和由液体产生的内压对套管密封作用的影响有很大差别，采用 BCSG 套管，强度虽然能满足钻井的要求，但密封性存在较大的隐患，因此对于高压深井、超深井，使用 BCSG 套管，应校核其密封压力。

4. 剪切力对套管的损坏

由于上覆岩层的连续性以及油藏横截面一般呈透镜体交错断面形状，油藏塌陷、压实过程通常表现为向下和向内的运动。当上覆岩层中任何地方的剪切应力超过层面的胶结强度时，就会产生低倾角滑移；另外，较大的地层塌陷还会在油层或者上覆层中的层理面或断层上引发小规模的滑动，诱发断层的活化，从而引起较严重的剪切破坏，轻则会导致套管弯曲变形，重则引发套管挤毁、错断。套管的剪切和弯曲问题经常发生在油藏的边缘、生产层段的上部以及构造的台肩部位，因为这些地方地层的水平位移和垂直位移比较大，最大的剪应力也可能集中在这些地方，如图 6-3 所示。由于原始地层压力的降低和水的侵蚀，破坏了断层结构力的相对静止状态，造成断层蠕动，且断层上、下盘往往会发生滑动位移，对穿过断层的套管造成剪切，使得套管变形损坏。

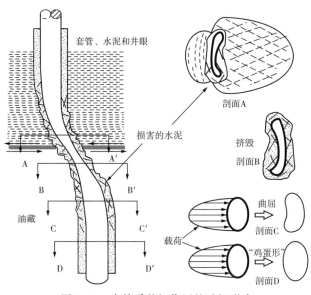

图 6-3　套管受剪切作用的破坏形式

地层倾角是影响套管剪切损坏的因素之一，当岩层之间有泥页岩夹层时，岩层沿层面或倾角较大的断层面容易滑移，根据库仑强度准则，软弱结构面或软弱夹层抗剪强度 τ 的表达式可表示为：

$$\tau = \sigma_z \tan\phi_j + c_j \qquad (6-1)$$

式中　τ——抗剪强度，MPa；

　　　σ_z——软弱结构面或软弱夹层上的竖向地应力，MPa；

　　　ϕ_j——软弱结构面或软弱夹层内摩擦角，（°）；

　　　c_j——软弱结构面或软弱夹层内摩擦角内聚力，MPa。

由式（6-1）可知，随着地层倾角增大，泥页岩的黏聚力和内摩擦角减小，当超过岩石的内摩擦力时，倾斜的地层将在重力的作用下沿着断层面发生滑移，随着上覆岩层地层倾角的增大，岩层附加在套管上的侧应力也相应增加，在套管与岩层接触处就会形成应力集中。通过计算塑性岩层套管损坏过程发现对于 $\phi139.7\text{mm}$（壁厚 10.54mm）的 P110 套管，屈服极限为 755.5MPa。当地层倾角从 2°~6° 时，套管处于弹性变化阶段，当地层倾角达到 12° 时，套管与岩层接触面最大应力可达到 767MPa，远远超过了套管的屈服强度，最终导致套管缩径或剪切损坏。

图 6-4 为胜利某油区构造顶部倾角对套管损坏的影响统计，可以看出，随构造顶部倾角增大，套管损坏井增加。

5. 套管磨损引起套管的损坏

套管磨损在深井、超深钻井和修井期间是一个不容忽视的问题，由于深井钻井时间长，

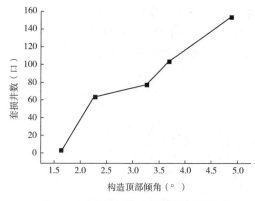

图 6 - 4　地层倾角对套管损坏的影响

深井技术套管磨损问题突出。套管磨损主要是由于套管接触的物体施加给套管的综合力造成的。在钻井和修井作业期间，钻柱在井中旋转及起下钻，将不可避免地对套管柱内壁造成磨损。造成套管磨损的主要因素是磨料砂粒、严重狗腿度和粗糙的接头硬化带。Bradley 和 Fontenot 对现场回收的磨损套管试样观测认为，大部分磨损是由钻杆旋转，而不是钻杆的起下钻造成的。Bruno Best 现场观测和实验室实验表明，套管磨损主要归因于钻杆工具接头硬化带，粗糙的、突出的碳化钨硬化带危害最大，光滑的、平整的硬化带可降低磨损。套管磨损的速率主要取决于接触力与旋转速度。Williamson 采用磨损试验机研究了套管与钻柱之间的接触应力的影响，认为接触应力是表征套管磨损速率的控制参数。实验结果发现，在低压力下，磨粒磨损为主；在高压力下，黏着磨损是主因。Fontenot 和 MCEver 对钻杆往复移动产生套管磨损进行研究后也得出与 Bradley 基本相似的结论，即钻杆往复移动对套管造成的磨损作用要比钻杆旋转小得多。套管的磨损速度主要取决于接触力的大小，接触力越大，对套管的磨损程度影响越显著。一般说来，实际井壁总是弯曲的，井壁弯曲程度用狗腿严重度表示，套管在井壁弯曲处要随之弯曲，狗腿度越大，套管弯曲得越严重，钻杆在通过这些弯曲套管时，钻杆一侧与套管壁接触，并产生正压力，当钻柱拉力一定时，钻杆与套管壁之间的正压力随狗腿度增大而增大，从而加速了钻杆与套管之间的磨损。狗腿度对套管磨损有严重影响，不单是由于狗腿度增大了钻杆与套管壁之间的正压力，而且还表现在狗腿严重处钻杆、钢丝绳、电缆等始终与套管的同一局部接触，这样它们对套管的磨损始终在同一局部，形成局部磨损，这大大地加速了套管的磨损，从而使套管的使用性能，特别是抗挤毁和抗内压爆破性能迅速降低。因此，狗腿度对套管的磨损不容忽视，必须严格控制钻井质量，减小狗腿度，这在深井、超深井中具有重要意义。

影响套管磨损的因素很多，套管磨损机理、形式、速率在不同的工况下表现出较大的差异。套管磨损后，套管失效形式可能发生改变，在深井、超深井中，磨损对套管使用性能的影响是不容忽视的。因此，套管安全分析时应当考虑磨损对抗挤强度的降低问题。API Bul 5C3 挤毁压力公式没有考虑磨损对套管抗挤强度的影响。目前我国深井、超深井套管柱强度设计与校核中，也未考虑套管磨损造成强度降低的问题。国内外不少学者对磨损套管剩余强度也开展了相关的研究，多采用数值计算的方法，也有部分采用理论方法，但计算结果大都缺少实验验证，在工程中还尚未被广泛应用。

6. 腐蚀对套管强度的影响

套管腐蚀是套管损坏的一种主要诱因，如位于四川盆地西北部梓县境内老关庙的关基井，该井油气层采用日本 S 工厂生产的 $\phi177.8mm$ P110 梯形扣套管，下入深度为 7053m。固井时发生管串断裂，起出套管后发现距井口 603m 处接箍从中部横向断裂。打捞下部套管时，又发现距井口 977m 处接箍穿孔。在距井口 603m 接箍断裂源处发现与主断口相通的二次裂纹为沿奥氏体晶界开裂的沿晶裂纹。对断口表面腐蚀产物进行了 X 射线能谱分析，发现有一定数量的硫，表明有 FeS_x 的存在，是硫化物腐蚀的证据。该井含硫气层在下层 7154m 处，分析表明，距井口 603m 处 H_2S 源自铁铬盐钻井液的热分解。

国内对套管腐蚀的研究还不系统，研究主要集中在不同条件下腐蚀介质对材料的腐蚀规律及防腐措施上。现有的套管选材方法大部分是首先确定套管所处的腐蚀环境，预计其原因，像 CO_2 腐蚀、H_2S 腐蚀、Cl^- 腐蚀以及 $CO_2 + H_2S$ 腐蚀等，然后根据具体的事故原因初选相应钢级的套管，再通过实验对所选套管进行比较和校核，选出适应性较好的套管。目前对于腐蚀对套管强度的影响规律在国内研究不多，对于 CO_2 腐蚀和 H_2S 腐蚀套管的选材没有统一的标准。

二、深井、超深井套管柱设计应考虑因素

1. 外载因素的考虑

在套管设计中，套管的安全可靠程度，关键是外载的计算及安全系数的选取。但由于深井、超深井套管层次较多，如按标准设计往往难以选择出符合要求的套管，如川西北地区，按 API 规定的安全系数标准，超深井 $\phi 244mm$ 和 $\phi 178mm$ 套管抗挤安全系数都达不到 API 标准的要求，目前超深井的套管设计暂时只能按"重视抗拉，照顾抗挤，考虑抗崩"的原则进行。经过多口井的应用，也未出现安全问题，表明外载的计算或设计方法还需要做相应的改进完善。

理论分析和数值计算表明，地层弹性参数对地应力引起的套管外挤载荷有较大影响。图 6 – 5 为某油田地层弹性参数对套管外挤载荷的影响。可以看出，套管外挤力随着地层弹性模量增加而减小，随着地层泊松比的增加而减小。目前的套管柱强度设计中，技术套管的外挤力是按管外液柱压力或上覆岩层压力进行计算，未考虑地层弹性参数的影响。如果考虑不同的地层弹性常数，则某深度处套管外挤力值不同，处于图中给出

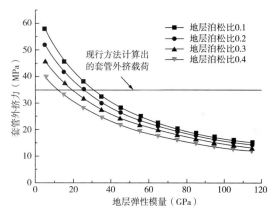

图 6 – 5　均布外载地层弹性参数对套管外挤力的影响

的现行标准外挤力的横线上方的点，实际值比计算值大，不安全。而在横线下方的点是安全的。当弹性模量较大的时候，与现行设计的套管外挤力相差较大，过于安全。这也是目前很多深井、超深井套管安全系数小于 1 而钻井过程中未发生挤毁，而有的安全系数大于 1 却发生挤毁的原因之一。所以，在进行套管柱强度设计时，应该考虑实际地层因素的影响，针对实际地层的弹性模量和泊松比来设定安全系数，使套管柱的强度设计更为合理。

2. 套管强度因素的考虑

深井、超深井油套管柱精确设计及管材合理选用，直接关系到油气井的安全和寿命。除了通常考虑因素外，还应该注意以下几个方面：

（1）接头强度设计。

常规的三轴应力方法，只是考虑管体的强度，对于接头强度考虑不够，由于接头性能受螺纹质量和结构形式的影响，在复合载荷作用下，其实际失效形式较为复杂，载荷有可能低于其管体强度，但超过接头的强度。目前设计方法没有充分考虑接头的强度，接头部位存在事故隐患。当接头为薄弱点时，设计趋于危险。因此，需要对接头强度的校核计算提出具体的方法。

（2）密封设计。

影响油套管密封设计的因素主要包括螺纹临界泄漏抗力、复合载荷、压力介质、压力等级、温度，其中螺纹临界泄漏抗力是最重要的因素，也是最难解决的。由于影响油套管螺纹泄漏抗力的因素较多，因此泄漏抗力的确定并不是一个简单的力学问题，而是一个涉及诸多因素的可靠性问题，尤其是受到井下载荷工况的影响，如拉伸、压缩、弯曲、温度对密封性的影响较大，所以单纯理论计算无法实现，比较科学的方法是通过实物实验模拟井下工况进行确定。

（3）腐蚀能力设计。

针对高含 H_2S 天然气的强腐蚀性和气藏异常高压的特点，研究强酸性气体腐蚀作用对套管强度及螺纹密封性的影响，研究适合腐蚀条件下的新型套管管材，研究腐蚀环境（特别是三高气井）套管柱载荷预测模型、强度计算模型和设计安全系数，建立基于综合安全系数和安全概率的三高气井套管柱设计方法和技术规范，开发三高气井套管柱设计软件。

三、套管设计方法的改进与完善

国内现行的套管柱强度设计标准是采用安全系数法的大小来评价套管柱的安全可靠性。在设计实践中，将套管强度与施加于套管上的外载视为确定量，它们是基本设计变量或设计参数的函数，对于所设计的套管柱，考虑到计算模型及设计变量和参数的不确定性可能引起的误差，引入一个安全系数加以处理。安全系数是总结以往的设计实践得出的，它反映了一定的统计特性，对于不同类型的井或不同的套管类型，安全系数取值有一个变化范围。高的安全系数和高的套管可靠度不一定是等价的，这是因为实际的套管柱设计与评价中，不确定性因素难以避免，由于有大量的未知因素及参数变化，用传统的安全设计方法有时很难正确处理。随着计算机技术的发展，可采用基于随机理论的安全可靠性评价方法分析不确定性因素，通过可靠度或失效概率来评价套管可靠性，改善现有的套管设计方法。

深井、超深井套管损坏主要形式和损坏机理主要包括轴向力引起的脱扣和失稳，非均布载荷产生挤毁破坏、剪切变形、螺纹密封失效、磨损、腐蚀等。与国外相比，我国的深井、超深井套管设计整体水平仍有相当差距，集中表现在各种用于计算的原始数据精确性较差，套管设计考虑的因素不够全面。人们针对套管柱在蠕变性地层的抗挤毁问题、磨损问题、高压条件下的抗内压问题、密封问题、腐蚀问题等研究结果还没有作为标准和规范应用于深井、超深井的工程设计中。对于深井、超深井套管，尤其是气井必须引入强度设计、密封设计、防腐蚀设计，需要从外载的计算、强度模型的选择、塑性岩石蠕动引起的载荷、技术套管磨损、温度效应、螺纹的密封性以及套管本身强度的选择等方面都认真加以考虑分析，才能进一步增加套管的安全可靠性。

第二节　均布载荷条件下套管强度计算方法

套管强度是指套管所能承受外载荷的值。根据套管所受的载荷形式，套管强度分为抗拉强度、抗挤毁强度、抗内压强度和三轴应力屈服强度。

一、抗拉强度

抗拉强度指套管在拉力作用下能够承受拉伸破坏的拉力值。套管柱受轴向拉力一般井口处最大，是危险截面。套管柱受拉应力引起的破坏形式有两种：一种是套管本体被拉断；另一种是螺纹处滑脱，称为滑扣（thread slipping）。大量的室内研究及现场应用表明，套管在受到拉应力时，螺纹处滑脱比本体拉断的情况为多，尤其是使用最常见的圆扣套管时更是如此。

圆扣套管的螺纹滑脱负荷一般比套管本体的屈服拉力要小，因此在套管使用中给出了各种套管的滑扣负荷，通常是用螺纹滑脱时的总拉力（kN）来表示。在设计中可以直接从有关套管手册中查用。

二、抗挤毁强度

抗挤毁强度指套管在外挤压力作用下能够承受挤压破坏的压力值。

（1）不考虑轴向力时套管的抗挤毁强度。

美国石油学会（API）最早通过对 2488 根 K55、N80 和 P110 三种钢级套管进行挤毁实验，发现套管在只承受外挤压力作用时，主要有 4 种破坏形式：屈服挤毁、塑性挤毁、过渡性挤毁和弹性挤毁。挤毁形式与套管的径厚比（套管直径与壁厚的比值）有关。4 种破坏形式的套管强度挤毁计算公式可查阅 API BULL 5C3、ISO 10400 或 SY/T 5724—2008 等套管强度设计标准。套管强度设计标准或手册给出的抗挤毁强度为不考虑轴向力作用时的套管抗挤毁强度。

（2）考虑轴向载荷时的抗挤强度。

在实际应用中，套管是处于双向应力的作用，即在轴向上套管承受下部套管的拉应力，在径向上存在有套管内的压力或管外液体的外挤力。由于轴向拉力的存在，使套管承受内压或外挤的能力会发生变化。

设套管自重引起的轴向拉应力为 σ_z，由外挤或内压力引起的套管周向应力为 σ_θ 及径向应力 σ_r。由于多数套管属于薄壁管，σ_r 比 σ_θ 小得多，可以忽略不计，故只考虑轴向拉应力 σ_z 及周向应力 σ_θ 的双向应力状态。根据第四强度理论，套管破坏的强度条件为：

$$\sigma_z^2 + \sigma_\theta^2 - \sigma_\theta \sigma_z = \sigma_y^2$$

式中　σ_y——套管钢材的屈服强度。

此式可以改写为：

$$\left(\frac{\sigma_z}{\sigma_y}\right)^2 - \frac{\sigma_\theta \sigma_z}{\sigma_y^2} + \left(\frac{\sigma_\theta}{\sigma_y}\right)^2 = 1 \tag{6-2}$$

该方程是一个椭圆方程，用 $\dfrac{\sigma_z}{\sigma_y}$ 的百分比为横坐标，用 $\dfrac{\sigma_\theta}{\sigma_y}$ 的百分比为纵坐标，可以绘出如图 6-6 的应力图，称为双向应力椭圆。

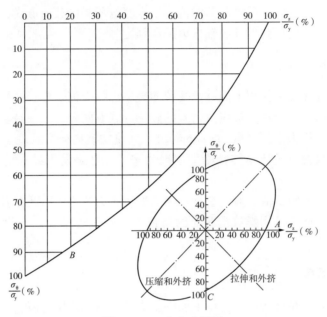

图 6-6　双向应力椭圆

从图中可以看出：第一象限是拉伸与内压联合作用，表明在轴向拉力下，套管的抗内压强度增加，使套管的应用趋于安全，因此设计中一般不予考虑。

第二象限是轴向压缩与套管内压的联合作用。由于套管受压应力的情况极少见，故这种情况一般不予考虑。

第三象限是轴向压缩应力和外挤力的联合作用。基于和第二象限相同的理由，一般不予考虑。

第四象限是轴向拉应力与外挤压力联合作用，这种情况在套管柱中是经常出现的。从图中可以看出，轴向拉力的存在使套管的抗挤强度降低，因此在套管设计中应当加以考虑。

当考虑轴向拉应力时，套管抗挤强度采用式（6-3）或近似式（6-4）计算：

$$p_{cc} = p_c \left[\sqrt{1 - 0.75 \left(\frac{\sigma_z}{\sigma_y} \right)^2} - \frac{\sigma_z}{2\sigma_y} \right] \tag{6-3}$$

$$p_{cc} = p_c \left(1.03 - 0.74 \frac{F_m}{F_s} \right) \tag{6-4}$$

式中　p_{cc}——考虑轴向拉力时的最大套管抗挤毁强度，MPa；

　　　p_c——无轴向拉力时套管的抗挤毁强度，MPa；

　　　F_m——轴向拉力，kN；

　　　F_s——套管管体抗拉屈服强度，kN。

其中 p_c 及 F_s 皆可由套管手册查出，式（6-4）在 $0.1 \leqslant F_m / F_s \leqslant 0.5$ 的范围内计算误差与理论计算值相比在 2% 以内。

三、抗内压强度

套管在内压力作用下能够承受内压破坏的压力值。套管在承受内压力时有 3 种破坏形式：管体破裂、接箍泄漏和接箍开裂。一般情况下接箍泄漏压力比管体和接箍开裂力小。接箍泄漏压力与螺纹类型有关，不易计算，对于抗内压要求较高的套管，应当采用优质的润滑密封油脂涂在螺纹处，并按规定的力矩上紧螺纹。

管体破裂强度一般采用 Barlow 公式计算：

$$p_{bo} = 0.875 \left(\frac{2\sigma_y t}{d_{ci}} \right) \tag{6-5}$$

式中　p_{bo}——套管管体抗内压强度，MPa；

　　　σ_y——套管材料屈服强度，MPa；

　　　d_{ci}——套管内径，mm；

　　　t——套管壁厚，mm。

各种套管的允许内压力值在套管手册中均有规定，在设计时可以从手册中直接查用。

四、三轴应力屈服强度

三轴应力屈服强度指套管在内压力、外挤压力和轴向力联合作用下的套管强度。当套管本体所受 Vom Mises 等效应力达到材料最小屈服强度时，套管开始发生屈服。在三轴应力作用下，套管受到轴向应力 σ_z、周向应力 σ_θ 和径向应力 σ_r，σ_r、σ_θ、σ_z 均取拉应力为正，反之为负，如图 6-7 所示。

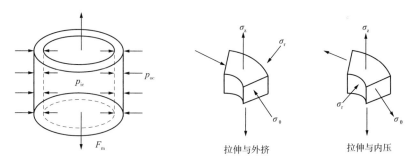

图 6-7　套管三轴应力示意图

为计算套管三轴应力屈服强度，作以下假设：

（1）套管柱内、外表面为同心圆柱面。

（2）各向同性屈服。

（3）不考虑残余应力。

（4）不考虑套管截面弹性失稳破坏和套管柱轴向屈曲。

由弹性力学的 Lame 公式，并考虑套管柱受力的轴对称性和轴向应力沿径向的均匀分布，可知套管柱的应力分布为：

$$\sigma_r = \frac{p_{ic}r_i^2 - p_{oc}r_o^2}{r_o^2 - r_i^2} - \frac{(p_{ic} - p_{oc})\ r_i^2 r_o^2}{r_o^2 - r_i^2} \cdot \frac{1}{r^2} \qquad (6-6)$$

$$\sigma_\theta = \frac{p_{ic}r_i^2 - p_{oc}r_o^2}{r_o^2 - r_i^2} + \frac{(p_{ic} - p_{oc})\ r_i^2 r_o^2}{r_o^2 - r_i^2} \cdot \frac{1}{r^2} \qquad (6-7)$$

$$\sigma_z = \frac{F_t \times 10^3}{\pi\ (r_o^2 - r_i^2)} \qquad (6-8)$$

式中 σ_r——径向应力，MPa；

σ_θ——周向应力，MPa；

σ_z——轴向应力，MPa；

r_i——套管内半径，mm；

r_o——套管外半径，mm；

r——套管任意壁厚处的半径，mm；

p_{ic}——套管内压力，MPa；

p_{oc}——套管外挤力，MPa；

F_t——计算处套管轴向力，kN。

由式（6-6）和式（6-7）表明，在三轴应力作用下，径向应力和周向力的大小与内外压差有关，也与套管计算半径 r 有关。对套管强度设计最关心的是最大径向应力和周向应力，理论推导表明，当套管未受弯曲应力时，套管内壁处首先达到屈服。根据套管三轴应力公式与 Von-Mises 屈服准则，当套管内壁出现屈服时，其 Von-Mises 等效应力等于套管材料屈服应力，即 $\sigma_{VME} = \sigma_y$。

$$\sigma_{VME} = \frac{\sqrt{2}}{2}\sqrt{(\sigma_r - \sigma_\theta)^2 + (\sigma_r - \sigma_z)^2 + (\sigma_z - \sigma_\theta)^2} \qquad (6-9)$$

由此得到套管三轴应力屈服强度安全系数：

$$S_3 = \frac{\sqrt{2}\sigma_y}{\sqrt{(\sigma_r - \sigma_\theta)^2 + (\sigma_r - \sigma_z)^2 + (\sigma_z - \sigma_\theta)^2}} \qquad (6-10)$$

令：

$$x = (p_i + \sigma_z)\ /\sigma_y$$

$$y = \frac{2r_o^2}{r_o^2 - r_i^2}\ (p_i - p_o)\ /\sigma_y$$

$$S_3 = \frac{1}{\sqrt{x^2 - xy + y^2}}$$

得到三轴安全系数三维屈服面与二维屈服区域，如图 6-8 和图 6-9 所示。

令 $p_{c3} = p_o - p_i$ 或 $p_{b3} = p_i - p_o$，可得到套管三轴抗毁强度和三轴抗内压强度。

$$p_{c3} = \frac{\sigma_y\ (r_o^2 - r_i^2)}{2r_o^2}\left[\sqrt{1 - 0.75\left(\frac{\sigma_z + p_i}{\sigma_y}\right)^2} - \frac{\sigma_z + p_i}{2\sigma_y}\right] \qquad (6-11)$$

$$p_{b3} = \frac{\sigma_y \ (r_o^2 - r_i^2)}{\sqrt{3r_o^4 + r_i^4}} \left[\frac{r_i^2}{\sqrt{3r_o^4 + r_i^4}} \left(\frac{\sigma_z + p_o}{\sigma_y} \right) + \sqrt{1 - \frac{3r_o^4}{3r_o^4 + r_i^4} \left(\frac{\sigma_z + p_o}{2\sigma_y} \right)^2} \ \right] \qquad (6-12)$$

式中　p_{c3}——三轴抗外挤强度，MPa；

p_{b3}——三轴抗内压强度，MPa。

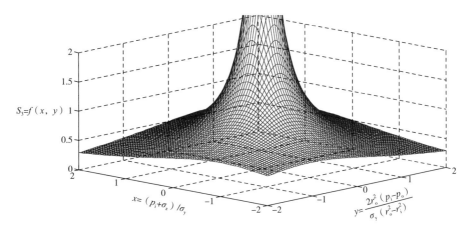

图 6-8　套管三轴应力屈服面

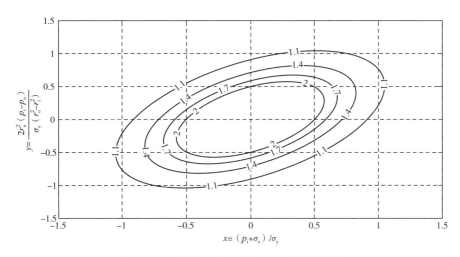

图 6-9　三轴应力安全系数在二维平面投影

第三节　非均布载荷作用下套管强度的评价方法

一、非均布载荷作用下套管所受外载及影响因素

套管在井下承受非均布载荷的原因可归结为：井眼不规则时地层不均匀流变，水泥浆窜槽等，但最主要的原因是由于地应力的不均性引起的。

为了便于分析，先作如下假设：

（1）地层、水泥环、套管均为各向同性、均匀的弹性材料。

（2）套管、水泥环均为壁厚均匀的理想圆筒，且与井眼同心。

（3）地层—水泥环—套管组合系统处于平面应变状态。

其力学模型如图 6 - 10 所示（这里主要考虑套管的抗挤问题，对套管内压未考虑）。在不均匀地应力 σ_H，σ_h 作用下，在地层（相对于井眼尺寸地层的半径很大，可视为无穷大）的边界上引入平均地应力 σ 和偏差地应力 s，地应力在极坐标下的形式表达为：

$$\begin{cases} \sigma = \dfrac{1}{2}\left(\sigma_H + \sigma_h\right) + \dfrac{1}{2}\left(\sigma_H - \sigma_h\right)\cos2\theta \\ s = -\dfrac{1}{2}\left(\sigma_H - \sigma_h\right)\sin2\theta \end{cases} \qquad (6-13)$$

由此可知，在井壁处将作用形如式（6 - 13）的载荷于水泥环套管组合体。可以预见，当地层为黏性流体（如某些盐岩）时，式（6 - 13）载荷将直接作用于水泥环套管组合体。然而，大多数情况下地层为弹性固体，地应力不可能直接作用于组合体，且载荷是通过水泥环作用于套管的，水泥环并非黏性流体，它将承担一部分载荷。

根据力学原理，在图 6 - 10 所示载荷形式下，如果套管与水泥环无摩擦光滑接触，则套管边界上将不会存在剪应力。而实际上在固井质量良好的情况下，水泥环和套管是胶结在一起的，因此忽略剪切力将增加计算误差。

对图 6 - 10 所示力学模型进行简化，得到非均匀地应力作用下套管受力分析模型，如图 6 - 11 所示，当考虑水泥环对套管的保护作用时，采用的地层—水泥环—套管力学模型，套管外壁的应力边界条件为：

$$\begin{cases} q(\theta) = s_1 + s_2\cos2\theta \\ T(\theta) = s_3\sin2\theta \end{cases} \qquad (6-14)$$

运用弹性力学理论对式（6 - 14）进行了求解，求解过程见参考文献。

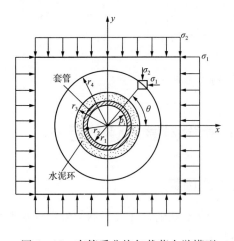

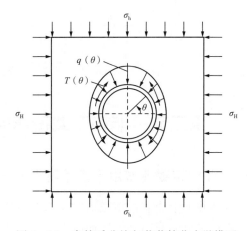

图 6 - 10　套管受非均匀载荷力学模型　　　图 6 - 11　套管受非均匀载荷简化力学模型

（1）在不考虑水泥环影响时的套管外壁应力：

$$\begin{cases} s_1 = \dfrac{(1-v_{\mathrm{s}})(\sigma_{\mathrm{H}}+\sigma_{\mathrm{h}})}{1+\dfrac{1}{1-m_{\mathrm{c}}^2}\dfrac{1+v_{\mathrm{c}}}{1+v_{\mathrm{s}}}\dfrac{E_{\mathrm{s}}}{E_{\mathrm{c}}}(1-2v_{\mathrm{c}}+m_{\mathrm{c}}^2)} \\[4mm] s_2 = -\dfrac{C_{22}+C_{12}}{C_{11}C_{22}-C_{12}C_{21}}\dfrac{2(1-v_{\mathrm{s}}^2)}{1+v_{\mathrm{c}}}\dfrac{E_{\mathrm{c}}}{E_{\mathrm{s}}}(1-m_{\mathrm{c}}^2)^3(\sigma_{\mathrm{H}}-\sigma_{\mathrm{h}}) \\[4mm] s_3 = \dfrac{C_{21}+C_{11}}{C_{11}C_{22}-C_{12}C_{21}}\dfrac{2(1-v_{\mathrm{s}}^2)}{1+v_{\mathrm{c}}}\dfrac{E_{\mathrm{c}}}{E_{\mathrm{s}}}(1-m_{\mathrm{c}}^2)^3(\sigma_{\mathrm{H}}-\sigma_{\mathrm{h}}) \end{cases} \tag{6-15}$$

其中

$$\begin{cases} C_{11} = A + \dfrac{1+v_{\mathrm{s}}}{1+v_{\mathrm{c}}}\dfrac{E_{\mathrm{c}}}{E_{\mathrm{s}}}\left(\dfrac{5}{3}-2v_{\mathrm{s}}\right)(1-m_{\mathrm{c}}^2)^3 \\[4mm] C_{12} = B - \dfrac{1+v_{\mathrm{s}}}{1+v_{\mathrm{c}}}\dfrac{E_{\mathrm{c}}}{E_{\mathrm{s}}}\left(\dfrac{4}{3}-2v_{\mathrm{s}}\right)(1-m_{\mathrm{c}}^2)^3 \\[4mm] C_{21} = C - \dfrac{1+v_{\mathrm{s}}}{1+v_{\mathrm{c}}}\dfrac{E_{\mathrm{c}}}{E_{\mathrm{s}}}\left(\dfrac{4}{3}-2v_{\mathrm{s}}\right)(1-m_{\mathrm{c}}^2)^3 \\[4mm] C_{22} = D + \dfrac{1+v_{\mathrm{s}}}{1+v_{\mathrm{c}}}\dfrac{E_{\mathrm{c}}}{E_{\mathrm{s}}}\left(\dfrac{5}{3}-2v_{\mathrm{s}}\right)(1-m_{\mathrm{c}}^2)^3 \end{cases}$$

$$\begin{cases} A = \left(1-\dfrac{2}{3}v_{\mathrm{c}}\right)+(5-6v_{\mathrm{c}})m_{\mathrm{c}}^2+(3-2v_{\mathrm{c}})m_{\mathrm{c}}^4+\left(\dfrac{5}{3}-2v_{\mathrm{c}}\right)m_{\mathrm{c}}^6 \\[4mm] B = -\dfrac{2}{3}v_{\mathrm{c}}+2v_{\mathrm{c}}m_{\mathrm{c}}^2-2(2-v_{\mathrm{c}})m_{\mathrm{c}}^4-\left(\dfrac{4}{3}-2v_{\mathrm{c}}\right)m_{\mathrm{c}}^6 \\[4mm] C = -\dfrac{2}{3}v_{\mathrm{c}}+2v_{\mathrm{c}}m_{\mathrm{c}}^2-2(2-v_{\mathrm{c}})m_{\mathrm{c}}^4-\left(\dfrac{4}{3}-2v_{\mathrm{c}}\right)m_{\mathrm{c}}^6 \\[4mm] D = \left(1-\dfrac{2}{3}v_{\mathrm{c}}\right)-(3-2v_{\mathrm{c}})m_{\mathrm{c}}^2+(3-2v_{\mathrm{c}})m_{\mathrm{c}}^4+\left(\dfrac{5}{3}-2v_{\mathrm{c}}\right)m_{\mathrm{c}}^6 \end{cases}$$

式中 σ_{H}——最大水平地应力，MPa；

      σ_{h}——最小水平地应力，MPa；

      E_{c}——套管弹性模量，MPa；

      v_{c}——套管泊松比；

      E_{s}——地层弹性模量，MPa；

      v_{s}——地层泊松比；

      m_{c}——套管内外半径之比，$m_{\mathrm{c}}=\dfrac{r_{\mathrm{i}}}{r_{\mathrm{o}}}$。

（2）考虑水泥环的影响套管外壁应力：

$$\begin{cases} s_1 = \dfrac{-c_{12}c_{12}^s\sigma}{c^c c_{11}^s + c^c c_{22} + c_{11}^s c_{11} + (c_{11}c_{22} - c_{12}c_{21})} \\[3mm] s_2 = \dfrac{(B_{22} + B_{12})R}{B_{11}B_{22} - B_{12}B_{21}} \\[3mm] s_3 = -\dfrac{(B_{21} + B_{11})R}{B_{11}B_{22} - B_{12}B_{21}} \end{cases} \qquad (6-16)$$

其中

$$\begin{cases} B_{11} = C_{31} - \dfrac{C_{33}(C_{11}C_{24} - C_{21}C_{14}) + C_{34}(C_{13}C_{21} - C_{11}C_{23})}{C_{13}C_{24} - C_{14}C_{23}} \\[3mm] B_{12} = C_{32} - \dfrac{C_{33}(C_{12}C_{24} - C_{22}C_{14}) + C_{34}(C_{13}C_{22} - C_{21}C_{23})}{C_{13}C_{24} - C_{14}C_{23}} \\[3mm] B_{21} = C_{41} - \dfrac{C_{43}(C_{11}C_{24} - C_{21}C_{14}) + C_{44}(C_{13}C_{21} - C_{11}C_{23})}{C_{13}C_{24} - C_{14}C_{23}} \\[3mm] B_{22} = C_{42} - \dfrac{C_{43}(C_{12}C_{24} - C_{22}C_{14}) + C_{44}(C_{13}C_{22} - C_{12}C_{23})}{C_{13}C_{24} - C_{14}C_{23}} \\[3mm] R = -\dfrac{(1+v_s)}{(1+v)}\dfrac{E}{E_s}(1-m^2)^3 s \cdot r_3 = 4\dfrac{(1+v_s)}{(1+v)}\dfrac{E}{E_s}(1-m^2)^3(1-v_s)s \end{cases}$$

$$C_{11} = A_{11} - \frac{(1-m^2)^3}{(1-m_c^2)^3}\frac{(1+v_c)}{(1+v)}\frac{E}{E_c}A_{11}^c$$

$$C_{12} = A_{12} - \frac{(1-m^2)^3}{(1-m_c^2)^3}\frac{(1+v_c)}{(1+v)}\frac{E}{E_c}A_{12}^c$$

$$C_{13} = A_{13}$$

$$C_{14} = A_{14}$$

$$C_{21} = A_{21} - \frac{(1-m^2)^3}{(1-m_c^2)^3}\frac{(1+v_c)}{(1+v)}\frac{E}{E_c}A_{21}^c$$

$$C_{22} = A_{22} - \frac{(1-m^2)^3}{(1-m_c^2)^3}\frac{(1+v_c)}{(1+v)}\frac{E}{E_c}A_{22}^c$$

$$C_{23} = A_{23}$$

$$C_{24} = A_{24}$$

$$C_{31} = A_{31}$$

$$C_{32} = A_{32}$$

$$C_{33} = A_{33} - \frac{(1+v_s)}{(1+v)}\frac{E}{E_s}(1-m^2)^3 A_{33}^s$$

$$C_{34} = A_{34} - \frac{(1+v_s)}{(1+v)}\frac{E}{E_s}(1-m^2)^3 A_{34}^s$$

$$C_{41} = A_{41}$$

$$C_{42} = A_{42}$$

$$C_{43} = A_{43} - \frac{(1+v_s)}{(1+v)} \frac{E}{E_s} (1-m^2)^3 A_{43}^s$$

$$C_{44} = A_{44} - \frac{(1+v_s)}{(1+v)} \frac{E}{E_s} (1-m^2)^3 A_{44}^s$$

$$\begin{cases} A_{11}^c = \left(1 - \frac{2}{3}v_c\right) + (5-6v_c)m_c^2 + (3-2v_c)m_c^4 + \left(\frac{5}{3} - 2v_c\right)m_c^6 \\[2mm] A_{12}^c = -\frac{2}{3}v_c + 2v_c m_c^2 - 2(2-v_c)m_c^4 - \left(\frac{4}{3} - 2v_c\right)m_c^6 \\[2mm] A_{21}^c = -\frac{2}{3}v_c + 2v_c m_c^2 - 2(2-v_c)m_c^4 - \left(\frac{4}{3} - 2v_c\right)m_c^6 \\[2mm] A_{22}^c = \left(1 - \frac{2}{3}v_c\right) - (3-2v_c)m_c^2 + (3-2v_c)m_c^4 + \left(\frac{5}{3} - 2v_c\right)m_c^6 \end{cases}$$

$$\begin{cases} A_{33}^s = -\left(\frac{5}{3} - 2v_s\right) - (3-2v_s)m_s^2 - (5-6v_s)m_s^4 - \left(1 - \frac{2}{3}v\right)m_s^6 \\[2mm] A_{34}^s = \left(\frac{4}{3} - 2v_s\right) + 2(2-v_s)m_s^2 - 2v_s m_s^4 + \frac{2}{3}v_s m_s^6 \\[2mm] A_{43}^s = \left(\frac{4}{3} - 2v_s\right) + 2(2-v_s)m_s^2 - 2v_s m_s^4 + \frac{2}{3}v_s m_s^6 \\[2mm] A_{44}^s = -\left(\frac{5}{3} - 2v_s\right) - (3-2v_s)m_s^2 + (3-2v_s)m_s^4 - \left(1 - \frac{2}{3}v_s\right)m_s^6 \\[2mm] r_3 = -4(1-v_s) - 4(1-v_s)m_s^2 - 8(1-v_s)m_s^4 \\[2mm] r_4 = 4(1-v_s) + 4(1-v_s)m_s^2 \end{cases}$$

$$A_{11} = \left(-\frac{5}{3} - 2v\right) - (3-2v)m^2 - (5-6v)m^4 - \left(1 - \frac{2}{3}v\right)m^6$$

$$A_{12} = \left(\frac{4}{3} - 2v\right) + 2(2-v)m^2 - 2v m^4 + \frac{2}{3}v m^6$$

$$A_{13} = 4(1-v) + \frac{8}{3}(1-v)m^2 + 4(1-v)m^4$$

$$A_{14} = -\frac{4}{3}(1-v)m^2 - 4(1-v)m^4$$

$$A_{21} = \left(\frac{4}{3} - 2v\right) + 2(2-v)m^2 - 2v m^4 + \frac{2}{3}v m^6$$

$$A_{22} = -\left(\frac{5}{3} - 2v\right) - (3-2v)m^2 + (3-2v)m^4 - \left(1 - \frac{2}{3}v\right)m^6$$

$$A_{23} = -4(1-v) - \frac{4}{3}(1-v)m^2$$

$$A_{24} = \frac{8}{3}(1-v)m^2$$

$$A_{31} = -4(1-v)m^2 - \frac{8}{3}(1-v)m^4 - 4(1-v)m^6$$

$$A_{32} = 4(1-v)m^2 + \frac{4}{3}(1-v)m^4$$

$$A_{33} = \left(1 - \frac{2}{3}v\right) + (5-6v)m^2 + (3-2v)m^4 + \left(\frac{5}{3} - 2v\right)m^6$$

$$A_{34} = -\frac{2}{3}v + 2vm^2 - 2(2-v)m^4 - 2\left(\frac{2}{3} - v\right)m^6$$

$$A_{41} = \frac{4}{3}(1-v)m^4 + 4(1-v)m^6$$

$$A_{42} = -\frac{8}{3}(1-v)m^4$$

$$A_{43} = -\frac{2}{3}v + 2vm^2 - 2(2-v)m^4 - 2\left(\frac{2}{3} - v\right)m^6$$

$$A_{44} = \left(1 - \frac{2}{3}v\right) - (3-2v)m^2 + (3-2v)m^4 + \left(\frac{5}{3} - 2v\right)m^6$$

$$c^c = \frac{[(1-2v_c) + m_c^2]}{1 - m_c^2} \frac{r_o(1+v_c)}{E_c}$$

$$\begin{cases} c_{11} = \dfrac{[(1-2v)r_o^2 + a_1^2]}{a_1^2 - r_o^2} \dfrac{(1+v)r_o}{E} = \dfrac{[(1-2v)m^2 + 1]}{1 - m^2} \dfrac{(1+v)r_o}{E} \\[3mm] c_{12} = \dfrac{2(1-v)a_1^2}{a_1^2 - r_o^2} \dfrac{(1+v)r_o}{E} = \dfrac{2(1-v)}{1 - m^2} \dfrac{(1+v)r_o}{E} \\[3mm] c_{21} = \dfrac{2(1-v)aa_1}{a_1^2 - r_o^2} \dfrac{(1+v)a}{E} = \dfrac{2(1-v)m^2}{1 - m^2} \dfrac{(1+v)a_1}{E} \\[3mm] c_{22} = \dfrac{[(1-2v)a_1^2 + r_o^2]}{a_1^2 - r_o^2} \dfrac{(1+v)a_1}{E} = \dfrac{[(1-2v) + m^2]}{1 - m^2} \dfrac{(1+v)a_1}{E} \end{cases}$$

$$\begin{cases} c_{11}^s = \dfrac{[(1-2v_s)a_1^2 + b^2]}{b^2 - a_1^2} \dfrac{(1+v_s)a_1}{E_s} = \dfrac{[(1-2v_s)m_s^2 + 1]}{1 - m_s^2} \dfrac{(1+v_s)a_1}{E_s} \\[3mm] c_{12}^s = \dfrac{2(1-v_s)b^2}{b^2 - a_1^2} \dfrac{(1+v_s)a_1}{E_s} = \dfrac{2(1-v_s)}{1 - m_s^2} \dfrac{(1+v_s)a_1}{E_s} \\[3mm] c_{21}^s = \dfrac{2(1-v_s)a_1^2}{b^2 - a_1^2} \dfrac{(1+v_s)b}{E_s} = \dfrac{2(1-v_s)m_s^2}{1 - m_s^2} \dfrac{(1+v_s)b}{E_s} \\[3mm] c_{22}^s = \dfrac{[(1-2v_s)b^2 + a_1^2]}{b^2 - a_1^2} \dfrac{(1+v_s)b}{E_s} = \dfrac{[(1-2v_s) + m_s^2]}{1 - m_s^2} \dfrac{(1+v_s)b}{E_s} \end{cases}$$

式中　E——水泥环弹性模量，MPa；

　　　v——水泥环泊松比；

　　　a_1——水泥环外半径，mm；

　　　b——地层外边界，mm；

m_s——水泥环外半径与地层外边界半径之比，a_1/b；

m——套管外半径与水泥环外半径之比，r_o/a_1。

①水泥环弹性参数对载荷参数 s_1、s_2、s_3 的影响。

以 $9\frac{5}{8}$ in P110 套管为例，在给定地层弹性参数 E_s 为 1×10^4 MPa、v_s 为 0.3 时计算并作图。如图 6-12 至图 6-14 所示，载荷参数 s_1 随着水泥环弹性模量的增加而增加，随着水泥环泊松比 v 增大而减小。在相同的条件下计算表明，载荷参数 s_2 随着水泥环弹性模量的增大而增大，但趋势越来越缓；随水泥环泊松比增大而增大，趋势也越来越缓。载荷参数 s_3 随着水泥环弹性模量的增大而增大，但趋势越来越缓；随水泥环泊松比增大而增大，趋势也越来越缓，规律与图 6-12 的曲线相似。

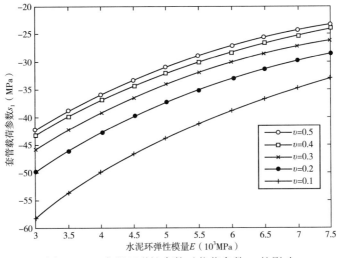

图 6-12 水泥环弹性参数对载荷参数 s_1 的影响

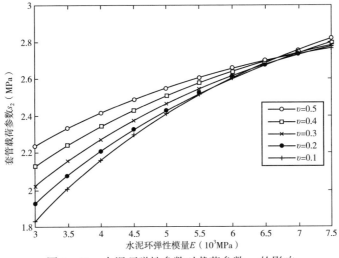

图 6-13 水泥环弹性参数对载荷参数 s_2 的影响

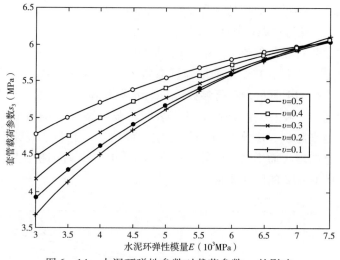

图 6 − 14　水泥环弹性参数对载荷参数 s_3 的影响

上述分析可知，水泥环对 s_1 的影响最为明显，对 s_2 和 s_3 影响相对较小。

②地层弹性参数对载荷参数 s_1、s_2、s_3 的影响。

以 $9\frac{5}{8}$ in P110 套管为例，在给定水泥环弹性参数 E 为 0.63×10^4 MPa、v 为 0.23 时计算并作图。如图 6 − 15 至图 6 − 17 所示，载荷参数 s_1 随着地层弹性模量的增加而增加，但趋势越来越缓。在相同的条件下计算，载荷参数 s_2 随着地层弹性模量的增大而增大；随水泥环泊松比增大而增大。载荷参数 s_3 随着地层弹性模量的增大而增大；s_3 随水泥环泊松比的变化开始时不明显，当 $E_s > 1.5 \times 10^4$ MPa 时，随泊松比增大而增大。

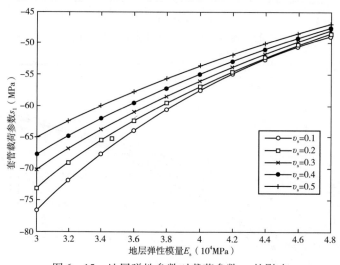

图 6 − 15　地层弹性参数对载荷参数 s_1 的影响

二、非均布载荷作用下套管的"等效外挤力"计算

由于套管数据手册中套管抗挤强度是在均匀外载条件下获得的，不能直接应用于非均匀载荷作用下套管强度计算，如果可以根据非均布载荷的大小转化为套管受力相同时的均匀载

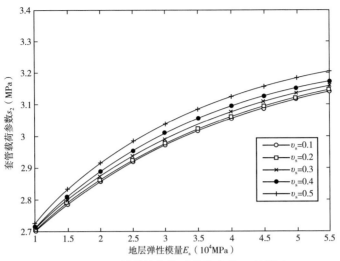

图 6 - 16　地层弹性参数对载荷参数 s_2 的影响

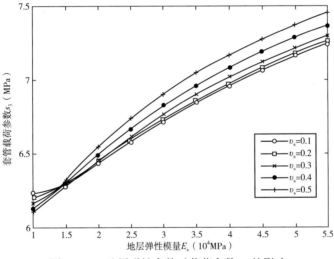

图 6 - 17　地层弹性参数对载荷参数 s_3 的影响

荷，就可以直接应用于套管抗外挤强度的计算。

通过数学推导，得到非均布外载条件下套管内壁产生的最大周向应力为：

$$\sigma_{\theta 1} = \frac{2\left[s_1 + \dfrac{2}{1 - m_c^2}\left| m_c^2 s_3 - (1 + m_c^2)s_2 \right|\right]}{1 - m_c^2} \tag{6-17}$$

其中　　　　　　　　　　　　$$m_c = \left(\frac{D - 2t}{D}\right)^2$$

根据 Lame 公式，在均布外载作用下，套管内壁最大周向应力为：

$$\sigma_{\theta 2} = \frac{2p_o}{1 - m_c^2} \tag{6-18}$$

假定在均布和非均布外载条件下，套管内壁正好达到屈服条件，即 $\sigma_{\theta1} = \sigma_{\theta2}$，这样就得到非均布外载作用下套管失效时所需要的均布载荷，此均布载荷 p_o 即为"等效外挤力"，用 $p_{o\,eff}$ 表示：

$$p_{o\,eff} = \left[s_1 + \frac{2}{1-m_c^2} \mid m_c^2 s_3 - (1+m_c^2) s_2 \mid \right] \qquad (6-19)$$

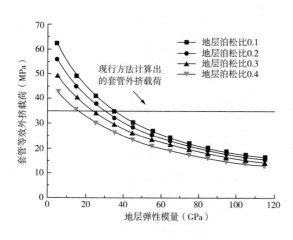

图 6-18　非均布地应力作用下等效外挤力随地层弹性参数的变化

三、地层弹性参数对套管"等效外挤力"的影响

给定最大水平地应力为 50MPa，最小水平地应力为 40MPa，水泥环弹性模量 6.3GPa，泊松比 0.23。通过式（6-19）得到不同地层弹性模量和泊松比时非均布地应力作用下套管的"等效外挤力"，如图 6-18 所示。可以看出，套管等效外挤力随地层弹性模量和泊松比的增加而减小。所以，在进行非均布载荷条件下套管柱强度设计时，应该考虑实际地层因素的影响，针对实际地层的弹性模量、泊松比和外载荷的非均匀程度来设定安全系数，使套管柱强度设计更为合理。

第四节　内壁磨损套管剩余强度评价方法

随着我国深井、超深井钻井的增多，钻进过程中钻柱对技术套管内壁的磨损是深井钻井期间一个不容忽视的问题。据不完全统计，由于我国深井钻井井下复杂事故多（失效超过 10%），周期长（一般超过半年），已有英科 1 井、克参 1 井、东秋 5 井、车古 204 井、崖城 13-1-3 井、渤海曹妃甸 18-2-1 井、渤中 13-1-12 井、郝科 1 井、却勒 1 井、阳霞 1 井、乌深 1 井等 10 余口深井发生了套管磨损问题及破裂或挤毁事故。目前我国深井、超深井套管柱强度设计与校核中，并未考虑套管磨损造成强度降低的问题。国内外学者采用有限元法和理论分析法对磨损套管剩余强度开展了相关研究，但计算结果大都缺少实验验证，在工程中还难以被应用。根据深井、超深井套管磨损机理与影响因素，钻柱旋转引起的内壁磨损大都为"月牙形"。为此，本书给出了"月牙形"内壁磨损套管磨损面积与深度计算方法，以及套管剩余抗外挤强度和抗内压强度的计算公式，以期为深井、超深井套管柱强度设计与评价提供参考。

一、套管内壁磨损面积与深度计算

1. 磨损面积计算

目前，较为成熟的套管磨损预测方法是 Dawson 和 White 提出的磨损效率模型，该模型认为旋转钻柱及工具接头在拉力作用下紧靠在套管弯曲处摩擦形成月牙形沟槽，且磨损体积与钻柱传递到套管的摩擦能量成正比。将金属的磨损量和磨损所消耗的能量联系起来，在摩擦力作用下，钻杆接头旋转所做的功为摩擦力与滑移距离的乘积：

$$W = F_{n}\mu L_{h} \tag{6-20}$$

式中　F_{n}——钻杆接头与套管内壁之间的侧向力，N；

　　　μ——钻杆接头和套管内壁之间的摩擦系数；

　　　L_{h}——钻杆接头与套管内壁之间的滑移距离，m。

磨损套管所消耗的能量 U 为布氏硬度与磨损金属体积的乘积：

$$U = VH_{b} \tag{6-21}$$

式中　V——套管被磨损掉的金属体积，m^{3}；

　　　H_{b}——布氏硬度，Pa。

则磨损效率 η 为：

$$\eta = \frac{U}{W} = \frac{VH_{b}}{F_{n}\mu L_{h}} \tag{6-22}$$

由此，单位长度的套管内壁被磨损的体积即为磨损面积 S：

$$S = \frac{V}{l} = \frac{\eta}{H_{b}} \frac{F_{n}\mu L_{h}}{l} \tag{6-23}$$

式中　l——套管磨损段长，m。

式（6-23）中各参数的求取方法如下：

（1）磨损因子 η/H_{b} 的值。该值一般由试验得出，常用套管的磨损因子见表6-1。

表6-1　η/H_{b} 平均值（$10^{-12}/Pa$）

套 管 钢 级	水基钻井液	油基钻井液
K55	0.0522	0.3191
N80	0.1175	0.5656
P110	0.2031	0.6092

（2）滑移距离 L_{h}。

在磨损效率模型中，磨损点滑移距离包括钻杆接头旋转距离和钻杆起下钻过程中钻杆接头和套管内壁之间的滑动距离。计算套管内壁某一点的磨损程度时，磨损点的滑移距离包括环向和径向滑移距离，滑移距离 L_{h} 为：

$$L_{h} = 60\pi D_{it} V_{s} T_{iz} + N_{qx} L_{zg} \tag{6-24}$$

式中　D_{it}——钻杆接头外径，m；

　　　V_{s}——转盘转速，r/min；

　　　T_{iz}——钻井时间，h；

　　　N_{qx}——起下钻次数，次；

　　　L_{zg}——磨损点以下钻杆长度，m。

（3）侧向力 F_n 的计算。

磨损效率模型中钻柱拉力和横向载荷的计算采用 Johancsik 等人提出的管柱模型。该模型假设管柱中的载荷受重力、张力和弯曲井眼的影响，认为管柱是由多根短节连接而成，能传递拉伸与压缩。在每一短节上应用基本方程，从井底的管柱开始一直计算到地面。每个短节单元是一个贡献轴向拉力和重力的小增量，这些力的总和为管柱内的总载荷。

$$F_n = \sqrt{(F_t \Delta \alpha \sin \overline{\theta})^2 + (F_t \Delta \theta + G \sin \overline{\theta})^2} \qquad (6-25)$$

$$\Delta F_t = G \cos \overline{\theta} \pm \mu F_n \qquad (6-26)$$

式中　F_t——轴向拉力，N；

　　　ΔF_t——轴向拉力增量，N；

　　　F_n——法向力，N；

　　　G——单元管柱的重力，N；

　　　$\Delta \theta$——两测点间的井斜角增量；

　　　$\Delta \alpha$——两测点方位角增量，（°）；

　　　$\overline{\theta}$——两测点间的平均井斜角，（°）；

　　　μ——摩擦系数。

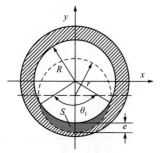

图 6-19　套管内壁磨损面积与磨损深度关系示意图

2. 磨损深度的计算

取钻柱与套管作用的一个截面作为研究对象，如图 6-19 所示。套管磨损截面可以看成是两个圆相交所形成的公共部分，内层最小圆为钻杆接头的外圆，中间圆为套管的内壁，最大圆为套管的外圆。套管内壁和钻杆接头外圆"相交"的部分为套管几何磨损面积 S。

$$S = \frac{\theta_1}{2} r^2 + r \sin \frac{\theta_1}{2} \sqrt{R^2 - r^2 \sin^2 \frac{\theta_1}{2}} - \frac{1}{2} r^2 \sin \theta_1 - R^2 \arcsin \left(\frac{r}{R} \sin \frac{\theta_1}{2} \right)$$

$$(6-27)$$

式中　θ_1——两圆交点与套管圆心的圆心角，rad；

　　　R——套管的内径，m；

　　　r——钻杆接头半径，m。

则最大磨损深度 e 为：

$$e = r - R + \sqrt{R^2 - r^2 \sin^2 \frac{\theta_1}{2}} - r \cos \frac{\theta_1}{2} \qquad (6-28)$$

二、剩余抗外挤强度分析

1. 均布载荷作用下剩余抗外挤强度分析

套管内壁磨损后，其抗挤强度可以用含缺陷套管的抗挤强度来计算，磨损后实际套管的抗挤强度与理想圆管的抗挤压力有以下关系：

$$p_{cw} = \frac{1}{2} \left(p_e + p_y - \sqrt{(p_e - p_y)^2 + g p_e p_y} \right) \qquad (6-29)$$

$$p_e = \frac{2E_c}{(1-v_c)} \frac{1}{(D/t)\left[(D/t)-1\right]^2} \tag{6-30}$$

$$p_y = \frac{2\sigma_y \left[(D/t)-1\right]}{(D/t)^2}\left[1+\frac{1.47}{(D/t)-1}\right] \tag{6-31}$$

$$g = 0.3232\delta_0 + 0.00228\varepsilon - 0.5648\frac{\sigma_R}{\sigma_y} \tag{6-32}$$

$$\delta_0 = 2(D_{max}-D_{min})/(D_{max}+D_{min}) \tag{6-33}$$

$$\varepsilon = 2(t_{max}-t_{min})/(t_{max}+t_{min}) \tag{6-34}$$

如果考虑轴向应力 σ_z 的作用，则套管屈服强度取的当量屈服强度为：

$$\sigma_{ya} = \sigma_y\left[\sqrt{1-\frac{3}{4}\left(\frac{\sigma_z}{\sigma_y}\right)^2}-\frac{\sigma_z}{2\sigma_y}\right] \tag{6-35}$$

式中　p_{cw}——套管磨损套管剩余抗挤强度，MPa；

　　　p_e——套管理想圆管的弹性挤毁压力，MPa；

　　　E_c——套管弹性模量，MPa；

　　　v_c——套管泊松比；

　　　p_y——理想圆管的弹塑性屈服挤毁压力，MPa；

　　　σ_y，σ_{ya}——套管最小屈服强度和当量屈服强度，MPa；

　　　D——套管公称外径，m；

　　　D_{max}，D_{min}——实测套管最大和最小外径，m；

　　　σ_R——套管残余应力，MPa；

　　　δ_0——套管不圆度，%；

　　　ε——壁厚不均度，%；

　　　t——公称套管壁厚，m；

　　　t_{max}，t_{min}——实测套管最大和最小壁厚，m；

　　　e——磨损深度，m；

　　　σ_z——轴向应力，MPa。

套管内壁磨损后，其不圆度和不均度发生了改变，为了使理论计算更符合实际情况，引入套管内壁不圆度概念，以 d_{max} 表示套管内壁最大直径，d_{min} 表示套管内壁最小直径，则套管内壁不圆度为：

$$\delta_0 = 2(d_{max}-d_{min})/(d_{max}+d_{min}) \tag{6-36}$$

对于均匀磨损套管，可直接采用套管磨损后的剩余壁厚和径厚比，利用式（6-36）进行计算。对于"月牙形"内壁磨损套管，由于在磨损部位存在较大的壁厚不均度和内壁不圆度，当外挤压力作用时，在磨损部位产生了应力集中，因此其应力、应变分布与未磨损套管相比发生了较大的变化，不能直接采用式（6-36）计算。根据套管非均匀磨损特征，可将非均匀磨损套管简化为一个具有内壁不圆度的套管模型和包含壁厚不均度的套管模型的叠

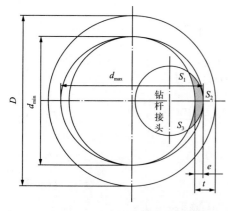

图 6-20 内壁不圆度套管模型

加，如图 6-20 所示，S_1、S_2、S_3 为月牙形磨损区。将磨损部位扩展为椭圆，可反映内壁不圆度对套管抗挤性能的影响。d_{max} 视为磨损后套管内壁椭圆的长轴，d_{min} 视为磨损后套管内壁椭圆的短轴，可得套管"月牙形"磨损后的不圆度和壁厚不均度分别为：

$$\delta_0 = 2e/(2D - 4t + e) \tag{6-37}$$

$$\varepsilon = 2e/(2t - e) \tag{6-38}$$

将不同计算方法的计算结果与文献的实验数据进行对比，见表 6-2。由表 6-2 可知，有限元的计算结果误差最大，这是因为采用数值方法进行计算时，将磨损套管看作弹性体，按照材料屈服准则判断套管是否失效，难以考虑套管残余应力、不圆度和不均度等因素的影响。本书所建立的模型计算结果与实验结果较为接近，表明磨损套管几何形状的改变对套管强度影响较大，特别是不圆度和不均度影响显著。

表 6-2　内壁磨损套管抗外挤强度计算值与试验值对比分析

套管直径（mm）	139.7	139.7	139.7	177.8	177.8	177.8	244.48	244.48	244.48
钢级	N80	N80	N80	P110	P110	P110	P110	P110	P110
壁厚（mm）	7.72	7.72	7.72	10.36	10.36	10.36	11.99	11.99	11.99
屈服强度（MPa）	698	698	698	907	907	907	890	890	890
磨损度（%）	0	25	45	0	20	30	0	25	50
试验值（MPa）	50	40	30	75	55	46	57.7	35.2	32.3
有限元法（MPa）	82.5	52.0	33.2	115.6	70.4	52.1	94.1	45.2	36.2
有限元法与试验误差（%）	65	30	10.7	54.1	28	13.0	63.1	28.4	12.1
偏心筒公式（MPa）	55.82	41.20	23.72	71.01	55.29	42.73	42.53	33.38	17.01
偏心筒法与试验误差（%）	11.6	3	20.9	5.33	0.5	7.1	26.3	5.17	47.1
本书算法（MPa）	53.13	39.89	30.78	72.46	56.43	49.25	49.17	37.95	28.14
本书算法与试验误差（%）	6.26	0.3	2.6	3.34	2.6	7.1	14.8	7.8	12.9

2. 均布载荷作用下剩余抗外挤强度分析

大量研究表明，非均布载荷作用下套管强度要比均布载荷作用下低，可以认为考虑套管磨损时，非均布载荷作用下套管抗外挤强度的降低程度与不考虑磨损时的降低程度成比例，假设不考虑磨损时，非均布载荷作用下套管强度降低系数为 K_{down}，则：

$$K_{down} = \frac{p_c}{p_{o\,eff}} = \frac{p_{cw}}{p_{unw\,eff}} \tag{6-39}$$

式中　p_c——均布载荷作用下未磨损套管抗挤强度，MPa。

这样就得到非均布载荷作用下磨损套管剩余抗外挤强度的计算公式：

$$p_{\text{unweff}} = \frac{1}{2p_c} \left[s_1 + \frac{2}{1-m_c^2} \left| m_c^2 s_3 - (1+m_c^2)s_2 \right| \right] \left[p_e + p_y - \sqrt{(p_e - p_y)^2 + gp_e p_y} \right] \quad (6-40)$$

由于非均匀载荷下磨损套管的挤毁试验尚未见报道，因而不能够直接采用试验数据对式（6-40）进行验证，需要进一步开展相关试验验证方程的适用性。

三、剩余抗内压强度分析

最常用的方法是用 API 抗内压强度公式来评价内壁磨损套管的剩余抗内压强度，它等同于一个均匀磨损模型，用套管磨损最严重处的最小壁厚作为套管的壁厚进行强度计算。但是通过实验和计算发现，均匀磨损模型计算出的剩余抗内压强度偏于保守。

Klever-Stewart 提出了未磨损套管塑性破坏内压强度设计模型，其计算式为：

$$p_{iR} = \frac{2f_u \ (k_{\text{wall}}t - k_a a_N) \left[\left(\frac{1}{2}\right)^{n+1} + \left(\frac{1}{\sqrt{3}}\right)^{n+1} \right]}{\left[D - (k_{\text{wall}}t - k_a a_N) \right]} \quad (6-41)$$

式中 p_{iR}——套管抗内压强度，MPa；

f_u——套管拉伸屈服强度，MPa；

k_a——内压强度系数，调质钢和 13Cr 材料套管取 1.0，旋转校直套管取 2.0，未知时取 2.0；

k_{wall}——套管制造缺陷深度因子，取 0.875；

a_N——套管缺陷检测系统最小检测深度，m，一般设为缺陷检测系统的下限值，即 5% 的套管壁厚；

n——套管材料应力-应变强度硬化因子，其取值可根据套管材料实际试验曲线来确定，或用经验公式 $n = 0.1693 - 1.1774 \times 10^{-4} \sigma_y$。

有限元分析结果表明，如果将磨损套管看作制造缺陷，内壁磨损套管在内压力作用下磨损最深处最先发生屈服，磨损是造成套管强度降低的主要原因。因此对式（6-41）加以修正，a_N 取套管实际磨损深度 e，制造缺陷不再是影响套管强度的主要因素，因子 k_{wall} 取值为 1，f_u 取屈服强度或设计阶段取拉伸屈服强度，这样内壁磨损套管抗内压强度为：

$$p_{iw} = \frac{2\sigma_y \ (t - k_a e) \left[\left(\frac{1}{2}\right)^{n+1} + \left(\frac{1}{\sqrt{3}}\right)^{n+1} \right]}{\left[D - (t - k_a e) \right]} \quad (6-42)$$

取文献的试验数据，将本书提出的计算模型和其他模型计算结果进行对比，见表 6-3。对比分析表明，均布磨损模型误差最大，其次是长形槽模型，本书所提出模型较为吻合。

表 6-3　内壁磨损套抗内压强度计算值与试验值的对比分析

试件编号	1	2	3	4	5	6	7	8
钢级	P110	P110	P110	P110	Q125	Q125	Q125	Q125
外径（mm）	342	342	342	342	252	252	252	252

续表

试件编号	1	2	3	4	5	6	7	8
壁厚（mm）	13.54	13.54	13.54	13.54	15.73	15.73	15.73	15.73
磨损深度（mm）	0.24	0.64	2.54	3.64	0.33	1.43	2.63	4.53
屈服强度（MPa）	840	840	840	840	930	930	930	930
拉伸屈服强度（MPa）	980	980	980	980	1070	1070	1070	1070
试验值（MPa）	80.6	80.2	74.5	66.1	143	136	130	110
长形槽模型（MPa）	82.72	80.02	67.41	60.24	149.32	137.22	124.31	104.47
长形模型槽与试验误差（%）	2.64	0.24	9.52	8.87	4.42	0.90	4.38	5.03
均匀磨损模型（MPa）	76.22	73.92	63.04	56.73	130.78	121.43	111.26	95.11
均匀模型与试验误差（%）	7.85	7.62	15.38	14.17	8.54	10.71	14.4	13.54
本文模型（MPa）	82.90	80.31	68.09	61.08	144.79	133.83	121.99	103.47
本文模型与试验误差（%）	2.85	0.14	8.60	7.59	1.25	1.60	6.16	5.94

第五节　管柱下入过程中安全可靠性分析

一、套管柱下入时井底波动压力计算

波动压力是由于套管柱在井眼内运动激发水力波而产生的，与下套管速度、钻井液性能（钻井液密度、钻井液黏度、钻井液压缩性）、井身结构与套管柱结构、套管与地层的力学特性（弹性模量、泊松比）等因素有关。

目前，用于计算环空波动压力的方法主要分为两种：一种是基于稳态流动的波动压力计算模型；另一种是基于瞬态流动的波动压力计算模型。稳态流动模型不考虑钻井液（非牛顿流体）的可压缩性、流体惯性和套管柱的弹性对波动压力的影响，使得计算结果偏高，而且井越深，计算误差越大。因此，瞬态波动压力计算模型的研究日益受到国内外有关学者的关注。

为提高下套管过程中井眼环空波动压力计算的准确性，研究建立了以弹性管—可压缩流体理论为基础的环空瞬态波动压力模型和求解波动方程的有限差分算法，编制了计算程序。

1. 瞬态波动压力水力模型

在充有钻井液的井眼内下套管过程中，考虑到套管运行速度随时间的变化及井壁、套管柱的弹性和钻井液的压缩性，下套管引起的钻井液流动必然是瞬变流。采用弹性管—可压缩流体理论对井内水力系统在此时的钻井液流动状态进行分析。图 6-21 所示为研究的井内水力系统的基本水力学模型。

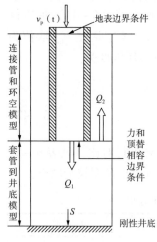

图 6-21　井内瞬态波动压力水力模型

2. 瞬态波动压力基本方程

在推导该基本方程时，作了如下假设：

（1）井内水力系统各流道中，钻井液的流动均为一元流动。

（2）流道和钻井液均为线弹性的，即应力与应变成正比。

（3）略去已下套管周围水泥和地层对套管弹性的影响。

（4）计算管中稳定流阻力损失的公式在瞬变流中也是有效的。

该一维不稳定流动的基本方程为：

$$\begin{cases} \dfrac{Q}{A}\dfrac{\partial p}{\partial z} + \dfrac{\partial p}{\partial t} + \dfrac{C^2\rho}{A}\dfrac{\partial Q}{\partial z} = 0 \\ \dfrac{\partial p}{\partial z} + \dfrac{\rho}{A}\dfrac{\partial Q}{\partial t} + \dfrac{\rho Q}{A^2}\dfrac{\partial Q}{\partial z} + p_f\ (Q,\ V_p) = 0 \end{cases} \qquad (6-43)$$

式中　Q——流量；

　　　p——波动压力；

　　　A——流道横截面积；

　　　z——轴向坐标；

　　　ρ——钻井液密度；

　　　p_f——摩擦阻力，是 Q，V_p 等的函数；

　　　V_p——套管下入速度，是时间的函数；

　　　C——压力传播速度，由式（6-44）式确定。

$$C = \frac{1}{\sqrt{\rho\ (\alpha + \beta)}} \qquad (6-44)$$

其中，$\alpha = \dfrac{1}{\rho}\dfrac{d\rho}{dp}$ 为钻井液的压缩系数，$\beta = \dfrac{1}{A}\dfrac{dA}{dp}$ 为流道弹性系数。钻井液的压缩系数与钻井液性质、温度、压力有关，一般应通过实测取得。研究表明，压力在 $0\sim49MPa$ 范围内变化时，钻井液压缩系数对波动压力的影响是很小的。因此，为方便应用，实际计算环空波动压力时，以水在 $50℃$、$50MPa$ 下的压缩系数代替钻井液的实际压缩系数：$\alpha = 0.39 \times 10^{-9}(Pa)^{-1}$。

由厚壁筒弹性理论得流道弹性系数计算公式：

裸眼井眼流道：

$$\beta = \frac{2}{E_f}\ (1 + \mu_f) \qquad (6-45)$$

套管与套管环空流道：

$$\beta = \frac{2}{E_s}\Big[\frac{1}{R_2^2 - 1}\Big(R_2^2\frac{R_3^2 + 1}{R_3^2 - 1} + \frac{R_1^2 + 1}{R_1^2 - 1} + \mu_s \Big)\Big] \qquad (6-46)$$

井壁与套管环空流道：

$$\beta = \frac{2}{R_2^2 - 1}\left[\frac{R_2^2}{E_f}(1 + \mu_f) + \frac{1}{E_s}\left(\frac{R_1^2 + 1}{R_1^2 - 1} - \mu_s\right)\right] \quad (6-47)$$

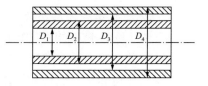

图 6-22　井内流道尺寸

其中，$R_1 = D_2/D_1$，$R_2 = D_3/D_2$，$R_3 = D_4/D_3$。D_1，D_2，D_3，D_4 如图 6-22 所示；E_s，μ_s，E_f，μ_f 分别为套管和地层的弹性模量和泊松比，计算中取 $E_s = 0.2068 \times 10^{12}\,\mathrm{Pa}$，$\mu_s = 0.3$，$E_f = 0.17237 \times 10^{11}\,\mathrm{Pa}$，$\mu_f = 0.28$。

3. 波动方程的求解方法

该方程是一对拟线性双曲型偏微分方程组。求解该偏微分方程组的方法很多，若用有限差分的方法直接求解，往往难以避免解的不稳定问题。因此，采用流体力学中广泛应用的特征线方法求解。亦即首先建立该方程组的特征式，然后利用有限差分方法加上相应的初始边界条件对特征式进行求解，从而得到微分方程组的解。

（1）基本方程的特征式。

特征线法的实质是将该方程组化为两个常微分的特征方程和两个特征线的方程。其中一个特征方程沿一条特征线成立；另一特征方程沿另一条特征线成立。采用修正的 Lister 方法，得到该方程组的特征式为：

$$\begin{cases} \pm d_p + \dfrac{\rho C}{A}dQ + Cp_f d_t = 0 \\[2mm] \dfrac{d_z}{d_t} = V \pm C \end{cases} \quad (6-48)$$

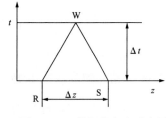

图 6-23　特征线方法示意图

（2）特征方程的有限差分格式。

在图 6-23 所示的 z-t 直角坐标系中（z 轴与流道轴线重合），设以 R 为原点，斜率为 $\arctan[1/(V_R + C_R)]$ 前向特征线与以 S 为原点，斜率为 $\arctan[1/(V_s - C_s)]$ 后向特征线相交于 W 点。假定选择的 Δz 和 Δt 值非常小，则可以把特征线的 RW 和 SW 看作直线。RW 和 SW 分别满足方程 $dz/dt = V_R + C_R$ 和 $dz/dt = V_s - C_s$。则有：

$$\begin{cases} d_p + \dfrac{\rho C}{A}dQ + Cp_f d_t = 0 \quad （\text{RW 线上满足}） \\[2mm] -d_p + \dfrac{\rho C}{A}dQ + Cp_f d_t = 0 \quad （\text{SW 线上满足}） \end{cases} \quad (6-49)$$

这样，方程（6-49）的有限差分格式可以写为：

$$\begin{cases} p_W - p_R + \dfrac{\rho C}{A}(Q_W - Q_R) + C\Delta t p_{fR} = 0 \\[2mm] -p_W + p_S + \dfrac{\rho C}{A}(Q_W - Q_S) + C\Delta t p_{fS} = 0 \end{cases} \quad (6-50)$$

已知 p_R、Q_R、p_{fR} 和 p_s、Q_s、p_{fS} 解方程（6-50）可以求出 W 点的 Q 和 p 值。

用上述有限差分格式，可以建立起一种求解流道中任意点处在任意时刻的动态波动压力

p 的数值方法，即方格网法。

选择适当的 $z-t$ 方格网，在方格网各接点上求解方程（6-50）得到 p，Q 值。$z-t$ 网格的构造只要满足 Courant 和 Lewy 稳定性准则：

$$\left|\frac{\Delta t}{\Delta z}\right| \leqslant \frac{1}{C \pm v} \qquad (6-51)$$

则解是稳定的。

为计算方便，各流道 $z-t$ 网格中时间步长 Δt 必须相同，但因各流道压力波传播速度不一定相同，则满足 Courant 和 Lewy 准则的 Δz 不一定相同，这样将给计算及编程带来不便。为此，对各流道选择相同的 Δz 值，然后，由式（6-52）计算 Δt：

$$\Delta t = k\frac{\Delta z}{C_{\max}} \qquad (6-52)$$

式中 $C_{\max}$——各流道中最大的压力波传播速度。

k——为保证满足稳定性准则而设置的系数，其值一般取 $0.95 \sim 0.99$。

利用上述方法构造的 $z-t$ 网格中，MW 不一定能代表前向特征线 RW，NW 也不一定能代表后向特征线 SW（图6-24），为此采用了方格网加线性插值的方法。图6-24中，已知 M 点、O 点、N 点的 p 值和 Q 值，通过 W 点画两条斜率各为 $\mathrm{d}z/\mathrm{d}t = V_0 + C_0$ 和 $\mathrm{d}z/\mathrm{d}t = V_0 - C_0$（$V_0$ 和 C_0 为 O 点的值）的直线（近似看作特征线），与 MN 分别相交于 R 点和 S 点，则特征线方程中

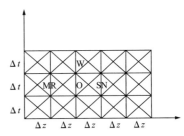

图6-24 方格网加插值方法示意图

各方程分别沿 RW 和 SW 成立。首先利用 N 点、O 点、M 点的 p 值、Q 值，R 点和 S 点 p 值、Q 值的线性内插值；然后用特征线方程求解 W 点的 p 值和 Q 值。最初计算 R 点和 S 点的位置时是以 O 点的 V 值和 C 值为基础的，算出 W 点的 p 值和 Q 值后，以 R 点和 W 点及 S 点和 W 点的平均斜率值重定 R 点和 S 点的位置并重新计算，重复到 Q_{W} 前后两个相邻值的相对偏差小于某一设定值为止。

图6-24中，若已知第一条时间基线各网格接点上的 p 值、Q 值，利用上述方法通过求解式（6-52）得到 Δt 时刻各接点上的 p 值、Q 值。这样，从 $t=0$ 时刻各网格接点上的初始条件开始，可以得到任意时刻 $t=i\Delta t$ 各网格接点上的 p 值和 Q 值，从而获得任意时刻任意井深的环空的波动压力值。

4. 初始条件、边界条件的处理

下套管时的波动压力与起下钻时的波动压力初始条件和边界条件不同。下套管时不能开泵，所以计算下套管波动压力时，初始条件只有关泵这一种情况，而井底边界条件为堵口管关泵。

（1）初始条件：

$$\begin{cases} p_i\,(s,\,0) = 0 \\ Q_i\,(s,\,0) = 0 \end{cases} \quad (i=1,\,2,\,3) \qquad (6-53)$$

（2）边界条件：不计大气压力，则在井口和井底截面有：

$$\begin{cases} p_i\ (L_2,\ t) = 0 \quad (i = 2,\ 3) \\ Q_1\ (L_1,\ t) = 0 \end{cases} \tag{6-54}$$

管柱底部端面所在截面有：

$$\begin{cases} Q_1\ (0,\ t) + Q_2\ (0,\ t) = V_p\ (t)\ A_0 \\ Q_3\ (0,\ t) = -V_p(t)A_3 \\ p_1\ (0,\ t) = p_2(0,\ t) \end{cases} \tag{6-55}$$

实际井内水力系统中含有许多串联管路，须给出在串联管路接点处的连接条件，如图6-25所示。设接点到原点的距离为 L_3，则有：

$$\begin{cases} p_i^{j+1}\ (L_3,\ t) = P_i^j\ (L_3,\ t) \\ Q_i^{j+1}\ (L_3,\ t) - Q_i^j\ (L_3,\ t) = V_p(t) \cdot \Delta A \end{cases} \quad (i = 1,\ 2,\ 3) \tag{6-56}$$

式中　ΔA——接点处流道横截面积变化；

　　$j+1$，j——上标，流道号。

这样，方程式（6-50）与定解条件式（6-53）至式（6-55），一起构成了管柱运行时井内水力系统瞬变流的数学模型，结合连接条件式（6-56）就可进行求解，以解得瞬态波动压力值。

6. 连接点的处理

连接点指的是同一流道中不同几何条件（直径、壁厚、材料等）流道段串联连接处，如图6-25所示。若忽略连接点处局部压力损失，则两段流道在连接点处的压力相同。对于井底流道及截面不变的环空和管柱内流道，连接点处的流量亦相同，用式（6-57）确定 Q_W 和 p_W。

$$\begin{cases} p_W - p_R + \dfrac{\rho C_R}{A_R}\ (Q_W - Q_R) + C_R \Delta t p_{fR} = 0 \\[3mm] -p_W + p_S + \dfrac{\rho C_S}{A_S}\ (Q_W - Q_S) + C_S \Delta t p_{fs} = 0 \end{cases} \tag{6-57}$$

对于有截面变化的环空及套管内流道，由于顶替作用，连接点前后的流量发生变化，特用以下方法处理：

$$\begin{cases} p_W - p_R + \dfrac{\rho C_R}{A_R}\ (Q_{WR} - Q_R) + C_R \Delta t p_{fR} = 0 \\[3mm] -p_W + p_S + \dfrac{\rho C_S}{A_S}\ (Q_{WS} - Q_S) + C_S \Delta t p_{fs} = 0 \\[3mm] Q_{WS} = Q_{WR} + (A_{S1} - A_{R1})\ V_p \\[3mm] Q_W = (Q_{WR} + Q_{WS})\ /2 \end{cases} \tag{6-58}$$

式中　A_{S1}，A_{R1}——S 点和 R 点套管柱的顶替面积。

7. 交点的处理

套管头处三流道交汇点可以简化为图 6 – 26 所示的流动几何模型。交汇点各流道流量和压力满足以下关系：

$$\begin{cases} Q_P = Q_1 + Q_2 + Q_3 \\ p_1 = p_3 - F_1\ (Q_1) \\ p_2 = p_3 - F_2\ (Q_2) \\ p_{W1} = p_{S1} + \dfrac{\rho C_{S1}}{A_{S1}}\ (Q_{W1} - Q_{S1}) + C_{S1}\Delta t p_{fS1} \\ p_{W2} = p_{S2} + \dfrac{\rho C_{S2}}{A_{S2}}\ (Q_{W2} - Q_{S2}) + C_{S2}\Delta t p_{fS2} \\ p_{W3} = p_{S3} + \dfrac{\rho C_{S3}}{A_{S3}}\ (Q_{W3} - Q_{S3}) + C_{S3}\Delta t p_{fS3} \end{cases} \tag{6-59}$$

式中 F_1——套管头周围上返空间的流动压力损失，是 Q_1 的函数；

         F_2——水眼的压力损失，是 Q_2 的函数。

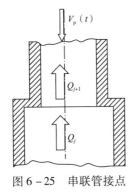

图 6 – 25   串联管接点   图 6 – 26   套管头附近流动几何模型

F_1 和 F_2 的表达式为：

$$F_1\ (Q_1) = \frac{\rho}{2gk^2}\left(\frac{Q_1}{A} + 0.5V_1\right)\left|\frac{Q_1}{A} + 0.5V_1\right| \tag{6-60}$$

$$F_2\ (Q_2) = \frac{\rho}{2gk^2}\left(\frac{Q_2}{A} + 0.5V_2\right)\left|\frac{Q_2}{A} + 0.5V_2\right| \tag{6-61}$$

式中 g——重力加速度，

         k——水眼系数。

求解上述方程组，可得交汇点处各流道的流量和压力。

8. 摩阻力的计算方法

在求解特征方程时，需要计算各网格节点上单位重量流体在单位长度上的压力损失 p_f。以前的研究大都利用 Lubinski 给出的宾汉流体的近似压降公式计算摩阻力。但是，钻井液的流变性更接近幂律流体，故采用幂律模式计算摩阻力。两种流道（图 6 – 26）内的流动特点不同：环空流道为有内边界运动的轴向流；井底流道为常规圆管流动。因此，计算摩阻力应采用不同的计算方法。

假定在一很小 Δ 距离上，压力梯度沿流动方向（z 轴）不变，不稳定流动的摩阻力可以用稳定流动摩阻力确定。这样，对于环空流道，可使用 Burkhardt 提出的处理有内管轴向运动的环空轴向流压降模式；对于井底流道，使用常规的圆管压降模式。

9. 环空波动压力计算流程

波动压力程序计算流程如图 6 – 27 所示。

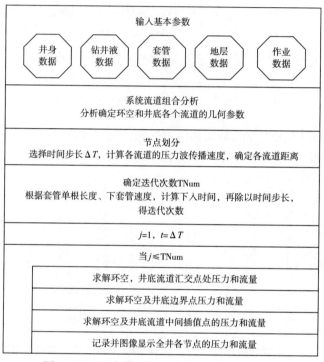

图 6 – 27　下套管环空波动压力计算程序框图

二、套管柱下入时井口卡瓦挤毁分析

套管在卡瓦抱紧的情况下工作，受到重力及卡瓦径向压力的作用，其卡瓦和套管在井口的受力情况如图 6 – 28 所示。

将套管柱视为薄壳，图 6 – 29 所示为卡瓦内悬挂的管柱受外载情况。严格说来，图中轴向摩擦力 q 正比于径向压力 p_r，在 p_r 分布形状未定时，q 的分布形状也是未定的。为简化计算，假设摩擦力 q 沿轴向均匀分布，此时轴向载荷产生的应力可以用下式计算出来：

$$\begin{cases} \sigma_\phi = 0 \\ \sigma_x = T/A \quad (x \geq l) \\ \sigma_x = Tx \quad (0 \leq x \leq l) \end{cases} \quad (6-62)$$

式中 T——套管悬重；

A——套管截面积；

l——卡瓦有效长度。

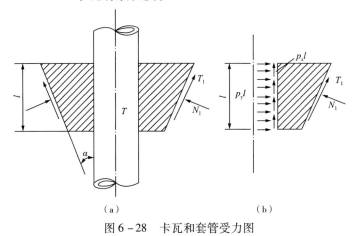

（a） （b）

图 6 - 28　卡瓦和套管受力图

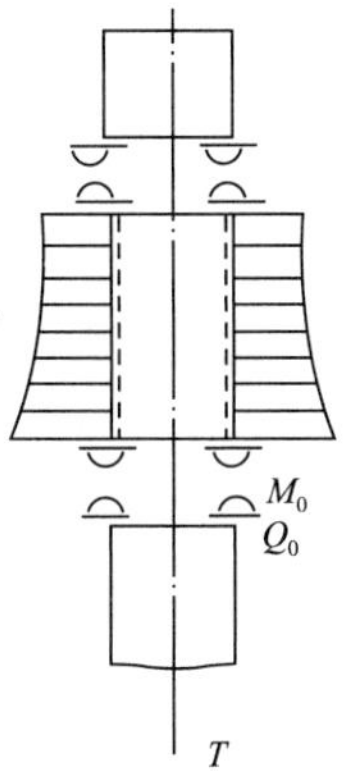

图 6 - 29　卡瓦内悬挂的套管
柱力学计算模型

由平衡条件得：

$$\begin{cases} \dfrac{T}{2\pi R} = N_1\sin\alpha + T_1\cos\alpha \\ p_rl = N_1\cos\alpha + T_1\sin\alpha \\ T_1 = f_1N_1 \end{cases} \qquad (6-63)$$

由式（6-63）解得：

$$p_r = \frac{1 - f_1\tan\alpha}{f_1 + \tan\alpha} \cdot \frac{T}{2\pi Rl} = K \cdot \frac{T}{2\pi Rl} \qquad (6-64)$$

式中 K——横向载荷系数，其值一般小于等于 3；

f_1——卡瓦与卡瓦座之间的摩擦系数；

α——卡瓦倾角。

将管柱沿卡瓦的上、下边缘截开，即分成 3 个分离体，如图 6 - 30所示。在卡瓦以上和卡瓦以下，管柱的变形和受力均属于边缘效应问题，在薄壳理论中已有解答，这里主要研究卡瓦下边缘管柱截面上的内力。

由于边缘效应区很短，而卡瓦比较长，可以略去卡瓦上边缘的管柱内力对卡瓦下边缘管柱内力的影响，则卡瓦下边缘管柱内力和变形之间的关系应为：

$$\begin{cases} w_0 = \dfrac{-M}{2\beta^2 D_s} + \dfrac{Q_0}{2\beta^3 D_s} \\ \theta_0 = \dfrac{M}{\beta D_s} - \dfrac{Q_0}{2\beta^2 D_s} \end{cases} \qquad (6-65)$$

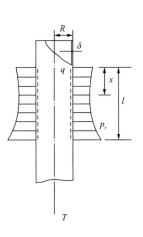

图 6 - 30　套管柱内力分析

其中
$$D_s = \frac{E\delta^3}{12\ (1-v_c^2)},\ \beta = \left[\frac{3\ (1-v_c^2)}{R^2\delta^2}\right]^{1/4}$$

式中　M_0——卡瓦以下管柱的边缘弯矩；

　　　Q_0——剪力；

　　　w_0——径向位移；

　　　θ_0——转角；

　　　R——套管壁面中间面半径；

　　　δ——套管壁厚；

　　　v_c——套管钢材泊松比。

由式（6-65）可得卡瓦下边缘管柱的弯矩 M_0 与管柱的变形 w_0 和 θ_0 之间的关系：

$$M_0 = 2\beta^2 D_s \left(w_0 + \frac{\theta_0}{\beta}\right) \tag{6-66}$$

考虑到卡瓦及其后背刚度很大，因此，卡瓦与管壁接触点的径向位移可以近似地认为相等，其数值主要取决于卡瓦的长度。由于卡瓦长度比边缘效应区大得多，边缘力的影响也可以忽略不计。基于这些考虑，假定在卡瓦段内管柱的径向位移 $w = w_0 =$ 常量，代入微分方程：

$$D_s \frac{\mathrm{d}^4 w}{\mathrm{d}x^4} + \frac{E\delta}{R^2}w = p_r \tag{6-67}$$

可得：

$$w_0 = \frac{p_r R^2}{E\delta} \tag{6-68}$$

这样的结果相当于将卡瓦内的管柱段看作为受均布压力的薄壁圆筒。

由于卡瓦对管壁的约束不完整，所以，管柱在从卡瓦段到下面自由悬挂段的过渡区中有明显的倾角，此时按照管柱在卡瓦段受均布径向压力的条件来计算 θ_0 比较合适。

按薄壳理论，一段分布长度为 l 的均布径向压力在载荷下边缘处使管壁产生的转角应为：

$$\theta_0 = \frac{p_r}{8\beta^3 D_s}[\,\mathrm{e}^{-\beta l}\ (\cos\beta l + \sin\beta l)\ -1\,] \tag{6-69}$$

由于 $\mathrm{e}^{-\beta l}$ 很小可以略去，因此近似地有：

$$\theta_0 = \frac{p_r}{8\beta^3 D_s} \tag{6-70}$$

将式（6-69）和式（6-70）代入式（6-65），可以获得边缘力矩的近似值为：

$$M_0 = \beta^2 D_s \frac{p_r R^2}{E\delta} \tag{6-71}$$

根据柱壳理论，卡瓦下缘附近套管内壁最危险，横截面上的内力为：

$$N_x = \frac{T}{2\pi R};$$

$$N_\phi = \frac{E\delta}{R}w_0 = p_r R;$$

$$M_x = M_0 = \frac{\beta^2 R^2 D_s}{E\delta}p_r;$$

$$M_\phi = \mu \frac{\beta^2 R^2 D_s}{E\delta}p_r;$$

设 σ_1 和 σ_2 代表内壁的轴向应力和环向应力的绝对值，可得：

$$\begin{cases} \sigma_1 = \dfrac{N_x}{\delta} + 6\dfrac{M_0}{\delta^2} = \dfrac{T}{A}\left(1 + 0.91\dfrac{KR}{l}\right) \\ \sigma_2 = \dfrac{N_\phi}{\delta} - \dfrac{6\mu M_0}{\delta^2} = 0.73\dfrac{FKR}{Al} \end{cases} \quad (6-72)$$

根据第四强度理论，得到某种卡瓦内套管柱弹性承载能力为：

$$T = \frac{A\sigma_s}{\sqrt{1 + 2.55\dfrac{KR}{l} + 2.03\left(\dfrac{KR}{l}\right)^2}} \quad (6-73)$$

由式（6-63），根据井内套管柱的类型、重量来选取所需套管卡瓦的最小安全长度，其计算式为：

$$l = \frac{\left\{-\sqrt{6.5 - 8.12\left[1 - \left(\dfrac{A\sigma_s}{T}\right)^2\right]} - 2.55\right\}KR}{2\left[1 - \left(\dfrac{A\sigma_s}{T}\right)^2\right]} \quad (6-74)$$

式中　K——横向载荷系数；

　　　A——套管截面积；

　　　R——套管平均直径；

　　　T——轴向拉力；

　　　σ_s——管材屈服强度。

第六节　实例分析

通过 MOS1 井邻井资料分析和地层压力预测，优化了井身结构和套管柱设计，中国石油大学（华东）和中国石油管材研究所进行系列套管安全论证和实物评价，最终优选的套管钢级、壁厚和扣型能满足 MOS1 井安全钻井和套管下入的要求，ϕ339.7mm + ϕ346.1mm 技套下深4462.82m、ϕ244.5mm+ϕ250.8mm技套下深6403.36m，创国内陆上油田大尺寸套管下深新纪录。本节主要论述分析钻井工程设计阶段中套管柱优化设计过程，实际钻井数据与设计部分存在一定差异。

一、套管基本数据

根据MOS1井的井身结构设计（图6-31）确定了两套套管程序方案，见表6-4、表6-5，相应的套管尺寸数据见表6-6、表6-7，强度数据见表6-8、表6-9。

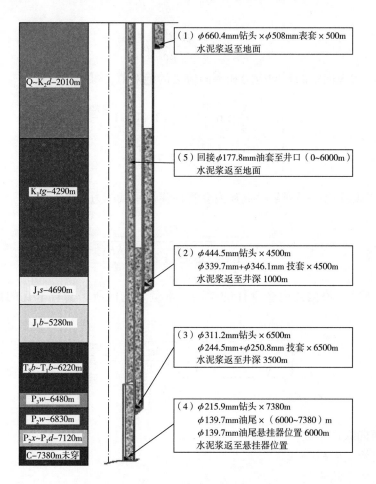

图6-31　MOS1井设计井身结构示意图

表6-4　日本NKK套管程序（方案一）

方案编号	开钻次序	钻头直径（mm）	套管外径（mm）	钢级	下深（m）	壁厚（mm）	扣型	备注
设计方案	一开	660.4	508.0	J55	500	12.7	BTC	
	二开	444.5	339.7	NK HC-125	2500	12.19	BTC	
		406.4	346.1	NK HC-125	4500	15.88	BTC	13⅝in

方案编号	开钻次序	钻头直径（mm）	套管外径（mm）	钢级	下深（m）	壁厚（mm）	扣型	备注
设计方案	三开	311.2	244.5	NK HC – 125	4300	11.99	BTC	
			250.8	NK HC – 125	6500	15.88	BTC	9⅝in
	四开	215.9	177.8	NK HC – 140	6000	13.72	3SB	回接
			139.7	NK HC – 140	7380	14.27	3SB	尾管
备用方案	四开	215.9	177.8	NK HC – 140	7100	13.72	3SB	尾管
	五开	146.1 × 158.8	127.0	NK HC – 140	7380	12.7	NK FJ1	尾管

表 6 – 5 德国 VAM 套管程序（方案二）

方案编号	开钻次序	钻头直径（mm）	套管外径（mm）	钢级	下深（m）	壁厚（mm）	扣型	备注
设计方案	一开	660.4	508.0	J55	500	16.13	BTC	
	二开	444.5 406.4	339.7	VM125HC	2500	12.19	VAM TOP	
			346.1	VM125HC	4500	15.88	VAM TOP	13⅝in
	三开	311.2	244.5	VM125HC	4300	11.99	VAM TOP	
			250.8	VM125HC	6500	15.88	VAM TOP	9⅞in
	四开	215.9	177.8	VM140HC	6000	13.72	VAM TOP	回接
			139.7	VM140HC	7380	14.27	VAM TOP	尾管
备用方案	四开	215.9	177.8	VM140HC	7100	13.72	VAM TOP	尾管
	五开	146.1 × 158.8	127.0	VM140HC	7380	12.7	VAM FJL	尾管

表 6 – 6 日本 NKK 套管尺寸

钻头直径（mm）	套管外径（mm）	钢级	壁厚（mm）	内径（mm）	通径（mm）	接箍外径（mm）	管体间隙（mm）	接箍间隙（mm）
660.4	508.0	J55	12.7	482.6	477.8	533.4	76.20	63.50
444.5 406.4	339.7	NK HC – 125	12.19	315.3	311.4	365.1	52.40 33.35	39.69 20.64
	346.1	NK HC – 125	15.88	314.3	310.4	365.1	30.15	20.64
311.2	244.5	NK HC – 125	11.99	220.5	216.5	269.9	33.35	20.65
	250.8	NK HC – 125	15.88	219.1	215.1	269.9	30.20	20.65
215.9	177.8	NK HC – 140	13.72	150.4	147.2	194.5	19.05	10.70
	139.7	NK HC – 140	14.27	111.2	108.0	153.7	38.10	31.10
146.1 158.8	127.0	NK HC – 140	12.70	101.6	98.4	132.1	9.55 15.9	7.00 13.35

表 6 – 7   德国 VAM 套管尺寸

钻头直径 （mm）	套管外径 （mm）	钢级	壁厚 （mm）	内径 （mm）	通径 （mm）	接箍外径 （mm）	管体间隙 （mm）	接箍间隙 （mm）
660. 4	508. 0	J55	16. 13	475. 74	471. 1	533. 4	76. 20	63. 50
444. 5 406. 4	339. 7	VM125HC	12. 19	315. 3	311. 4	360. 0	52. 40 33. 35	42. 25 23. 20
	346. 1	VM125HC	15. 88	314. 3	309. 5	374. 3	30. 15	16. 05
311. 2	244. 5	VM125HC	11. 99	220. 5	216. 5	264. 0	33. 35	23. 60
	250. 8	VM125HC	15. 88	219. 1	215. 1	277. 0	30. 20	17. 10
215. 9	177. 8	VM140HC	13. 72	150. 4	147. 2	199. 4	19. 05	8. 25
	139. 7	VM140HC	14. 27	111. 2	108. 0	163. 3	38. 10	26. 30
146. 1 158. 8	127. 0	VM140HC	12. 70	101. 6	98. 4	127. 0	9. 55 15. 9	9. 55 15. 9
406. 4	355. 6 （14in）	VM125HC	15. 24	325. 1	320. 3	380. 9	25. 4	12. 75

表 6 – 8   日本 NKK 套管强度数据

套管 外径	钢级	壁厚 （mm）	每米重 （kg/m）	段长 （m）	段重 （t）	抗挤 （MPa）	抗内压 （MPa）	抗拉 （kN）	工厂试压（MPa）	
									管体	螺纹
508. 0	J55	12. 7	158. 49	500	79. 25	5. 3	16. 0	7090	15. 2	
339. 7	NK HC – 125	12. 19	101. 20	2500	253. 00	21. 8	34. 0	10260	49. 6	33. 8
346. 1	NK HC – 125	15. 88	131. 26	2000	262. 52	45. 7	34. 0	10670	63. 4	33. 8
244. 5	NK HC – 125	11. 99	69. 95	4300	300. 79	54. 2	63. 2	7340	67. 6	63. 4
250. 8	NK HC – 125	15. 88	93. 46	2200	205. 61	94. 8	63. 2	7750	87. 6	63. 4
177. 8	NK HC – 140	13. 72	56. 55	6000	339. 30	136. 2	130. 3	6020	119. 3	
139. 7	NK HC – 140	14. 27	44. 20	1380	61. 00	177. 1	172. 6	5430	103. 4	
127. 0	NK HC – 140	12. 7	35. 87	1380	49. 50	173. 7	168. 9	3120	103. 4	

表 6 – 9   德国 VAM 套管强度数据

套管 外径	钢级	壁厚 （mm）	每米重 （kg/m）	段长 （m）	段重 （t）	抗挤 （MPa）	抗内压 （MPa）	抗拉 （kN）
508. 0	J55	16. 13	197. 93	500	98. 97	10. 3	16. 0	8950
339. 7	VM125HC	12. 19	101. 20	2500	253. 00	21. 0	54. 0	10814
346. 1	VM125HC	15. 88	131. 26	2000	262. 52	43. 9	69. 0	14194

套管外径	钢级	壁厚（mm）	每米重（kg/m）	段长（m）	段重（t）	抗挤（MPa）	抗内压（MPa）	抗拉（kN）
244.5	VM125HC	11.99	69.95	4300	300.79	53.9	63.1	7544
250.8	VM125HC	15.88	93.46	2200	205.61	93.0	95.0	10090
177.8	VM140HC	13.72	56.55	6000	339.30	136.6	130.4	6827
139.7	VM140HC	14.27	44.20	1380	61.00	201.7	172.6	5428
127.0	VM140HC	12.7	35.87	1380	49.50	196.1	168.9	1972
355.6	VM125HC	15.24	128.0			35.5	64.6	14043

二、套管强度计算分析

计算模型及外载计算选取如下：

（1）强度计算模型：三轴应力模型。

（2）抗挤计算方法：技术套管管外液柱压力按下套管时钻井液密度计算，管内按漏失面计算，油层套管按全掏空计算。

（3）轴向拉伸载荷：抗拉未考虑钻井液浮力。

（4）抗内压计算方法：

①ϕ508.0mm 表层套管，不考虑井涌问题，内压力按井口试压 6.0MPa 考虑。

②ϕ339.7mm 技术套管，管内有效应力分两种情况计算：

a. 按下次正常钻进时的井内钻井液密度考虑，管外按地层压力梯度 0.0125MPa/m 计算，此时，套管鞋处的有效内压值最大，其值为：$p_i = 0.0098 \times (2.25 - 1.25) \times 4500 = 44.15$MPa。

b. 如果考虑井涌的发生，那么井内压力当量梯度不应超过地层破裂压力梯度，因此，取井内压力当量密度为套管鞋处破裂压力当量密度，此时，套管鞋处的有效内压为：

$p_i = 0.0098 \times (2.41 - 1.25) \times 4500 = 51.16$MPa；抗内压安全系数取第 b 种情况。

③ϕ244.5mm 技术套管，管内按下次钻进最大深度时 40% 井涌量考虑，管外按地层水压力梯度 0.0105MPa/m 计算，井口最大内压力为：

$p_i = 0.4 \times 0.0098 \times 2.15 \times 7380 = 62.2$MPa。

④ϕ177.8mm 油层回接套管，按最高地层压力和管内充满气体考虑，管外按地层水压力梯度 0.0105MPa/m 计算，井口最大内压力为：

$p_i = 0.0098 \times 2.15 \times 7380 / e^{(1.1155 \times 10^{-4} \times 0.55 \times 7380)} = 98.92$MPa。

⑤ϕ139.7mm 油层套管，按最高地层压力和管内充满气体考虑，管外按地层水压力梯度 0.0105MPa/m 计算；尾管顶部最大内压载荷为：

$$p_{尾顶} = 0.0098 \times 2.15 \times 7380 / e^{(1.1155 \times 10^{-4} \times 0.55 \times 1380)} - 0.0105 \times 6000$$
$$= 79.89 \text{MPa}。$$

⑥ϕ177.8mm 技术尾管和 ϕ127.8mm 油层尾管,按最高地层压力和管内充满气体考虑,管外按地层水压力梯度 0.0105MPa/m 计算;尾管顶部最大内压载荷为:

$$p_{尾顶} = 0.0098 \times 2.05 \times 7380/e^{(1.1155 \times 10^{-4} \times 0.55 \times 1380)} - 0.0105 \times 6000 = 73.2 \text{MPa}。$$

(5) 温度的影响。地层温度按试油温度回归得到:

$$H = 31.678T + 911.18。$$

式中　H——井深;

　　　T——地层温度。

井深 7100m 处的最高温度为 195.4℃。套管强度降低幅度:

$$1 \times 0.0544\% \quad (195.4 - 20) \quad = 0.095$$

井深 7380m 处的最高温度为 204.2℃。套管强度降低幅度为:$1 \times 0.0544\%$ (204.2 − 20) = 0.1

(6) ϕ346.1mm × 15.88mm 套管通径小于钻头直径 ϕ311.2mm,ϕ250.8mm × 15.88mm 套管通径小于钻头直径 ϕ215.9mm,套管订货时附加技术条件:要求通径大于下次开钻钻头直径,商检时逐根检查通径。

根据套管最大载荷、套管程序与数据,对各层次套管进行了强度计算与分析,其中四开和五开的尾管考虑了温度对套管强度的影响,套管抗拉强度、抗挤强度和抗内压强度降低值与套管钢材屈服强度降低值一致。计算结果见表 6 – 10 至表 6 – 13。

ϕ355.6mm (14in) VM125HC × 15.24mm 套管抗挤强度小于 ϕ346.1mm (13⅝in) VM125HC × 15.88mm 套管抗挤强度,且接箍外径 ϕ380.9mm 大,ϕ406.4mm (16in) 井眼长裸眼段下入较困难。设计选用 ϕ346.1mm (13⅝in) NK HC – 125 或 VM125HC × 15.88mm 套管只是通径偏小,高抗挤套管厂家可以做到通径大于 ϕ311.4mm。

ϕ346.1mm (13⅝in) 套管:VAM 公司选用 13⅝in 套管接箍,NKK 公司选用 13⅝in 套管接箍,VAM 公司 13⅝in 套管抗拉强度高。

ϕ250.8mm (9⅞in) 套管:VAM 公司选用 9⅞in 套管接箍,NKK 公司选用 9⅝in 套管接箍,VAM 公司 9⅞in 套管抗拉强度高。

根据计算结果,对套管方案选择,首选方案四,全井采用瓦卢瑞克·曼内斯曼 VAM 系列套管,强度满足要求。其次方案二,全井采用瓦卢瑞克·曼内斯曼 VAM 系列套管,改变 ϕ346.1mm 和 ϕ339.7mm 的下入次序,不同井段强度发生改变,基本满足要求。再次是选方案三,技套采用瓦卢瑞克·曼内斯曼 VAM 系列套管,油套采用日本 NKK 套管。方案一按正常钻进时,ϕ339.7mm 的技术套管满足不了抗内压强度要求,不可取。

三、套管磨损与剩余强度分析

1. 基本数据

平均钻压:$W_0 = 80$kN,转盘平均转速 $v_s = 80$r/min,狗腿度 $\gamma = 3°/100$m;钻柱接头与套管摩擦系数 $\mu = 0.2$,其余计算参数见表 6 – 14 至表 6 – 16。

表 6-10 MOS1 井套管柱优化设计(方案一)

套管程序	井眼尺寸(mm)	井段(m)	规范 尺寸(mm)	规范 扣型	长度(m)	钢级	壁厚(mm)	内径(mm)	通径(mm)	接箍外径(mm)	每米重(kg/m)	重量 段重(t)	重量 累计重(t)	抗内压强度 强度(MPa)	抗内压强度 安全系数	抗外挤 强度(MPa)	抗外挤 安全系数	抗拉 强度(kN)	抗拉 安全系数
表层套管	660.0	0~500	508.0	BTC	500	J55	12.7	482.6	477.8	533.4	158.49	79.3	79.3	16.0	2.67	5.3	0.83	7095	9.13
技术套管	444.5	0~2500	339.7	BTC	2500	NKHC-125	12.19	315.3	311.4	365.1	101.20	253.0	515.5	33.8	0.66	21.8	1.04	10260	2.03
	406.4	2500~4500	346.1	BTC	2000	NKHC-125	15.88	314.3	310.4	365.1	131.26	262.5	262.5	33.8	0.66	45.7	2.18	10670	4.15
技术套管	311.2	0~4300	244.5	BTC	4300	NKHC-125	11.99	220.5	216.5	269.9	69.95	300.8	506.4	63.4	1.02	54.2	0.65	7340	1.48
		4300~6500	250.8	BTC	2200	NKHC-125	15.88	219.1	215.1	269.9	93.46	205.6	205.6	63.4	1.02	94.8	1.10	7750	3.84
油层套管	215.9	0~6000	177.8	3SB	6000	NKHC-140	13.72	150.4	147.2	194.5	56.55	339.3	400.3	119.3	1.21	136.2	1.08	6020	1.81
		6000~7380	139.7	3SB	1380	NKHC-140	14.27	111.2	108.0	153.7	44.20	61.0	61.0	103.4	1.16	177.1	1.02	5430	9.08
技术尾管	215.9	6000~7100	177.8	3SB	1100	NKHC-140	13.72	150.4	147.2	194.5	56.55	62.2	62.2	119.3	1.48	136.2	1.56	6020	9.87
油层尾管	146.1	6000~7380	127.0	NK FJ1	1380	NKHC-140	12.70	101.6	98.4	132.1	35.87	49.5	49.5	103.4	1.27	173.7	1.05	3120	6.43

表6-11 MOS1井套管柱优化设计（方案二）

套管程序	井眼尺寸(mm)	井段(m)	规范尺寸(mm)	扣型	长度(m)	钢级	壁厚(mm)	内径(mm)	通径(mm)	接箍外径(mm)	每米重(kg/m)	段重(t)	累计重(t)	抗内压强度(MPa)	抗内压安全系数	抗外挤强度(MPa)	抗外挤安全系数	抗拉强度(kN)	抗拉安全系数
表层套管	660.0	0~500	508.0	BTC	500	J55	12.17	482.6	477.8	533.4	158.49	79.3	79.3	16.0	2.67	5.3	0.83	7095	9.13
技术套管	444.5	0~2500	339.7	VAM TOP	2500	VM125HC	12.19	315.3	311.4	360.0	101.20	253.0	515.5	54.0	1.05	21.0	1.0	10814	2.14
	406.4	2500~4500	346.1	VAM TOP	2000	VM125HC	15.88	314.3	309.5	374.3	131.26	262.5	262.5	69.0	1.35	44.0	2.09	14194	5.52
技术套管	311.2	0~1000	250.8	VAM TOP	1000	VM125HC	15.88	219.1	215.1	277.0	93.46	93.5	529.9	95.0	1.52	93.0	4.21	10090	1.94
		1000~4300	244.5	VAM TOP	3300	VM125HC	11.99	220.5	216.5	264.0	69.95	230.8	436.4	63.1	1.01	53.9	0.65	7544	1.76
		4300~6500	250.8	VAM TOP	2200	VM125HC	15.88	219.1	215.1	277.0	93.46	205.6	205.6	95.0	1.52	93.0	1.08	10090	5.00
油层套管	215.9	0~6000	177.8	VAM TOP	6000	VM140HC	13.72	150.4	147.2	199.4	56.55	339.3	400.3	130.4	1.32	136.6	1.08	6827	2.05
		6000~7380	139.7	VAM TOP	1380	VM140HC	14.27	111.2	108.0	163.3	44.20	61.0	61.0	172.6	1.94	201.7	1.15	5428	9.08
技术尾管	215.9	6000~7100	177.8	VAM TOP	1100	VM140HC	13.72	150.4	147.2	200.9	56.55	62.2	62.2	130.4	1.61	136.6	1.56	6827	11.2
油层尾管	146.1	6000~7380	127.0	VAM FJL	1380	VM140HC	12.70	101.6	98.4		35.87	49.5	49.5	168.9	2.08	196.1	1.19	1972*	4.06*

表6-12　MOS1井套管柱优化设计（方案三）

套管程序	井眼尺寸 (mm)	井段 (m)	规范 尺寸 (mm)	规范 扣型	长度 (m)	钢级	壁厚 (mm)	内径 (mm)	通径 (mm)	接箍外径 (mm)	每米重 (kg/m)	重量 段重 (t)	重量 累计重 (t)	抗内压强度 强度 (MPa)	抗内压强度 安全系数	抗外挤 强度 (MPa)	抗外挤 安全系数	抗拉 强度 (kN)	抗拉 安全系数
表层套管	660.0	0~500	508.0	BTC	500	J55	12.7	482.6	477.8	533.4	158.49	79.3	79.3	16.0	2.67	5.3	0.83	7095	9.13
技术套管	444.5	0~2500	339.7	VAM TOP	2500	VM125HC	12.19	315.3	311.4	360.0	101.20	253.0	515.5	54.0	1.05	21.0	1.0	10814	2.14
	406.4	2500~4500	346.1	VAM TOP	2000	VM125HC	15.88	314.3	309.5	374.3	131.26	262.5	262.5	69.0	1.35	44.0	2.09	14194	5.52
技术套管		0~1000	250.8	VAM TOP	1000	VM125HC	15.88	219.1	215.1	277.0	93.46	93.5	529.9	95.0	1.52	93.0	4.21	10090	1.94
	311.2	1000~4300	244.5	VAM TOP	3300	VM125HC	11.99	220.5	216.5	264.0	69.95	230.8	436.4	63.1	1.01	53.9	0.65	7544	1.76
		4300~6500	250.8	VAM TOP	2200	VM125HC	15.88	219.1	215.1	277.0	93.46	205.6	205.6	95.0	1.52	93.0	1.08	10090	5.00
油层套管		0~6000	177.8	VAM TOP	6000	VM140HC	13.72	150.4	147.2	199.4	56.55	339.3	400.3	130.4	1.32	136.6	1.08	6827	2.05
	215.9	6000~7380	139.7	VAM TOP	1380	VM140HC	14.27	111.2	108.0	163.3	44.20	61.0	61.0	172.6	1.94	201.7	1.15	5428	9.08
技术尾管		6000~7100	177.8	3SB	1100	NKHC-140	13.72	150.4	147.2	194.5	56.55	62.2	62.2	119.3	1.48	136.2	1.56	6020	9.87
油层尾管	146.1	6000~7380	127.0	NK FJ1	1380	NKHC-140	12.70	101.6	98.4	132.1	35.87	49.5	49.5	103.4	1.27	173.7	1.05	3120	6.43

表6-13 MOS1井套管柱优化设计（方案四）

套管程序	井眼尺寸(mm)	井段(m)	规范 尺寸(mm)	规范 扣型	长度(m)	钢级	壁厚(mm)	内径(mm)	通径(mm)	接箍外径(mm)	每米重(kg/m)	重量 段重(t)	重量 累计重(t)	抗内压强度(MPa)	抗内压强度 安全系数	抗外挤 强度(MPa)	抗外挤 安全系数	抗拉 强度(kN)	抗拉 安全系数
表层套管	660.0	0~500	508.0	BTC	500	J55	16.13	475.74	471.1	533.4	197.93	98.97	98.97	16.0	2.67	10.3	1.62	8950	9.23
技术套管	444.5	0~1000	339.7	VAM TOP	1000	VM125HC	12.19	315.3	311.4	360.0	101.20	101.2	530.55	54.0	1.05	21.0	1.58	10814	1.96
	444.5	1000~2500	346.1	VAM TOP	1500	VM125HC	15.88	314.3	309.5	374.3	131.26	196.89	429.35	69.0	1.35	44.0	2.09	14194	3.37
	406.4	2500~3500	339.7	VAM TOP	1000	VM125HC	12.19	315.3	311.4	360.0	101.20	101.2	232.46	54.0	1.05	21.0	1.61	10814	4.75
	406.4	3500~4500	346.1	VAM TOP	1000	VM125HC	15.88	314.3	309.5	374.3	131.26	131.26	131.26	69.0	1.35	44.0	20.47	14194	11.03
技术套管	311.2	0~1000	250.8	VAM TOP	1000	VM125HC	15.88	219.1	215.1	277.0	93.46	93.5	529.9	95.0	1.52	93.0	4.21	10090	1.94
		1000~4300	244.5	VAM TOP	3300	VM125HC	11.99	220.5	216.5	264.0	69.95	230.8	436.4	63.1	1.01	53.9	0.65	7544	1.76
		4300~6500	250.8	VAM TOP	2200	VM125HC	15.88	219.1	215.1	277.0	93.46	205.6	205.6	95.0	1.52	93.0	1.08	10090	5.00
油层套管	215.9	0~6000	177.8	VAM TOP	6000	VM140HC	13.72	150.4	147.2	199.4	56.55	339.3	400.3	130.4	1.32	136.6	1.08	6827	2.05
		6000~7380	139.7	VAM TOP	1380	VM140HC	14.27	111.2	108.0	163.3	44.20	61.0	61.0	172.6	1.94	201.7	1.15	5428	9.08
技术尾管	215.9	6000~7100	177.8	VAM TOP	1100	VM140HC	13.72	150.4	147.2	200.9	56.55	62.2	62.2	130.4	1.61	136.6	1.56	6827	11.2
油层尾管	146.1	6000~7380	127.0	VAM FJL	1380	VM140HC	12.70	101.6	98.4		35.87	49.5	49.5	168.9	2.08	196.1	1.19	1972*	4.06*

表 6-14　钻具组合（按套管柱优化设计方案四）

开钻程序	钻铤			加重钻杆			钻杆		
	外径（mm）	内径（mm）	长度（根）	外径（mm）	内径（mm）	长度（根）	外径（mm）	内径（mm）	长度（m）
一开	254	76.2	4	139.7	84.15	9	139.7	118.61	
	228.6	76.2	3						
	203.2	76.2	3						
二开	254	76.2	3	139.7	84.15	9	139.7	118.61	
	228.6	76.2	3						
	203.2	76.2	10						
三开	228.6	76.2	3	139.7	84.15	9	139.7	118.61	
	203.2	76.2	6						
	177.8	71.5	16						
四开	158.8	71.5	24	139.7	84.15	9	127	108.6	
五开	120.7	57.5	22				88.9	70.21	

表 6-15　钻井液密度

开钻次序	一开	二开	三开	四开	备用方案	
					四开	五开
井段（m）	0~500	0~2000	2000~4500	4500~6500	6500~7380	4500~7100	7100~7380
密度（g/cm³）	1.30	1.30	1.35	2.25	2.15	2.15	2.05

表 6-16　钻井速度及工期预测—机械钻速预测

井段（m）	直径（mm）	钻头类型	进尺（m）	钻速（m/h）	钻头数量（只）
0~500	660.4（26in）	牙轮	500	9.00	2~3
	508.0（20in）	牙轮		15.00	1~2
500~2000	444.5（17½in）	牙轮	1500	5.00	8~9
	374.7（14¾in）	牙轮		8.00	7~8
2000~2500	406.4（16in）	牙轮	500	5.00	1~2
	374.7（14¾in）	牙轮		5.50	1~2
2500~4200	406.4（16in）	PDC	1700	4.00	4~5
	374.7（14¾in）	PDC		4.50	4~5
4200~4500	406.4（16in）	牙轮	300	1.10	5~6
	374.7（14¾in）	牙轮		1.20	5~6
4500~5300	311.2（12¼in）	牙轮、PDC	800	1.20	9~10
	269.9（10⅝in）	牙轮、PDC		1.30	9~10

井段（m）	直径（mm）	钻头类型	进尺（m）	钻速（m/h）	钻头数量（只）
5300~6500	311.2（12¼in）	牙轮、PDC	1200	0.80	24~25
	269.9（10⅝in）	牙轮、PDC		0.90	22~23
6500~7100	215.9（8½in）	牙轮、PDC	600	0.65	19~20
	241.3（9½in）	牙轮、PDC		0.60	20~21
	190.5（7½in）	牙轮、PDC		0.55	20~21
	190.5×200.0（7½in×7⅞in）	扩眼		0.45	23~24
7100~7380	215.9（8½in）	牙轮、PDC	280	0.50	11~12
	190.5（7½in）	牙轮、PDC		0.45	12~13
	165.1（6⅝in）	牙轮、PDC		0.45	12~13
	149.2×158.8（5⅞in×6¼in）	扩眼		0.35	12~13
	139.7×152.4（5½in×6in）	扩眼		0.30	13~14

2. 磨损深度与剩余强度计算与分析

按照首选方案四的套管优化设计结果，根据套管磨损计算模型，在不考虑套管防磨措施的情况下，对表层套管和技术套管的磨损深度和磨损后套管的抗外挤强度和抗内压强度进行了计算。由于钻进速度和井眼狗腿度是影响套管磨损的主要因素，而这两者的预测值与实际值相差较大，不同井深处套管磨损量预测值与实际值存在差异。所以根据套管强度设计结果，对最危险井段的套管，预设套管磨损深度，对其抗内压、抗外挤强度的下降幅度及安全系数进行了分析，结果如图6-32至图6-55所示。

对于 ϕ508mm 表层套管，其抗挤强度按全掏空计算，如果采用 J55 壁厚 12.13mm 的套管，不考虑磨损，按全掏空计算，其抗挤安全系数为 0.83。预测其最大磨损深度为 1.96mm，抗外挤强度安全系数变为 0.71，因此在二开过程中要做好防磨工作，同时还要做好防漏工作，防止出现因井漏而导致套管被挤坏。

对于 ϕ339.7mm 和 ϕ346.1mm 技术套管，按井涌时套管鞋处地层破裂压力计算抗内压强度，未磨损时抗内压安全系数为 1.05，抗挤安全系数为 1.0。ϕ339.7mm 预测最大磨损深度 3.94mm，磨损到此深度后其抗内压安全系数为 0.74。抗外挤安全系数为 0.70。ϕ346.1mm 技术套管最大预测磨损深度在 2.5mm，根据磨损后剩余强度计算，ϕ346.1mm 套管磨损深度在 3mm 内抗内压强度是安全的，磨损深度在 6mm 内抗外挤强度是安全的。而对于 ϕ339.7mm 技术套管，无论是按套管鞋处破裂压力来计算抗内压安全强度，还是按下次钻井时漏失面考虑抗外挤强度，ϕ339.7mm 的套管不允许有磨损。因此，特别需要做好该层技术的套管防磨工作，采取各种技术措施，尽可能减少钻柱对套管的磨损。同时还应做好防漏失工作，尽量减小掏空段长度。

对于 ϕ244.5mm 和 ϕ250.8mm 技术套管，ϕ250.8mm 预测最大磨损深度 2.47mm，ϕ244.5mm 预测最大磨损深度为 2.2mm。按下次钻进最大深度时 40% 井涌量考虑计算抗内压强度，ϕ250.8mm 套管本体磨损深度在 4mm 范围内是安全的，而 ϕ244.5mm 套管本体磨损深度在 1.5mm 范围内是安全的。ϕ244.5mm 套管抗外挤强度如果按下次钻进时漏失面以及管外按下套管时钻井液密度计算，抗外挤强度达不到要求。但只要水泥胶结质量良好，管外按盐水密度计算，套管抗外挤强度是安全的。ϕ250.8mm 套管抗外挤强度按漏失面计算，其最大磨损深度不应超过 0.5mm。因此需要做好套管防磨和防漏失工作，采取各种技术措施，尽可能减少钻柱对套管的磨损和井内漏失面高度。

对 ϕ177.8mm 的技术尾管，预测最大磨损深度为 0.23mm，考虑温度对套管强度降低的影响，只要磨损深度控制在 3.5mm 内，其抗内压强度和抗外挤强度是安全可靠的。

（1）ϕ508mm 表层套管。

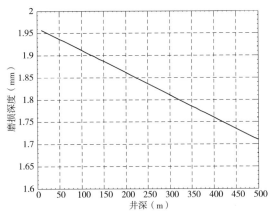

图 6-32　套管磨损量随井深的变化
（ϕ508mm）

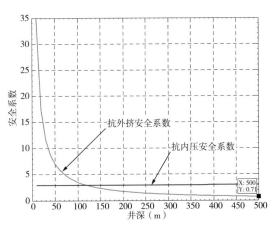

图 6-33　套管磨损后强度随井深的变化
（ϕ508mm）

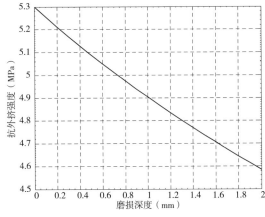

图 6-34　套管抗外挤强度与磨损深度的关系
（ϕ508mm）

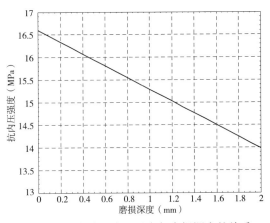

图 6-35　套管抗内压强度与磨损深度的关系
（ϕ508mm）

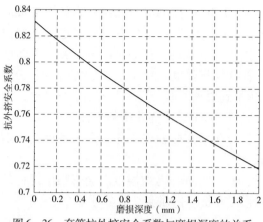

图 6 – 36 套管抗外挤安全系数与磨损深度的关系

（φ508mm）

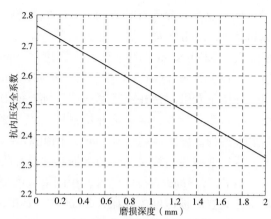

图 6 – 37 套管抗内压安全系数与磨损深度的关系

（φ508mm）

（2）φ339.7mm 和 φ346.1mm 技术套管。

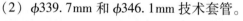

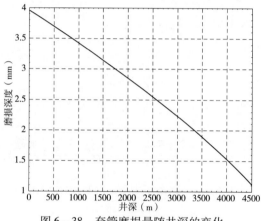

图 6 – 38 套管磨损量随井深的变化

（φ339.7mm 和 φ346.1mm）

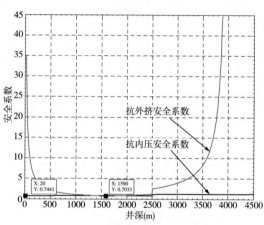

图 6 – 39 套管磨损后强度随井深的变化

（φ339.7mm 和 φ346.1mm）

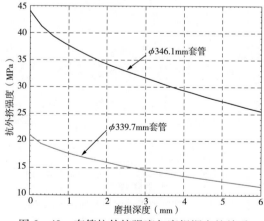

图 6 – 40 套管抗外挤强度与磨损深度的关系

（φ339.7mm 和 φ346.1mm）

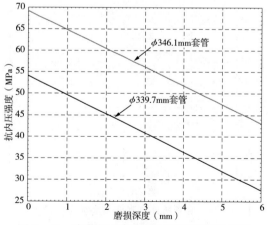

图 6 – 41 套管抗内压强度与磨损深度的关系

（φ339.7mm 和 φ346.1mm）

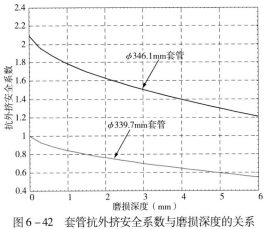

图6-42　套管抗外挤安全系数与磨损深度的关系

（φ339.7mm 和 φ346.1mm）

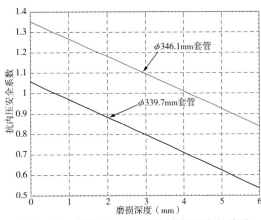

图6-43　套管抗内压强度与磨损深度的关系

（φ339.7mm 和 φ346.1mm）

（3）φ244.5mm 和 φ250.8mm 技术套管。

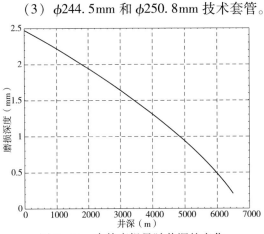

图6-44　套管磨损量随井深的变化

（φ244.5mm 和 φ250.8mm）

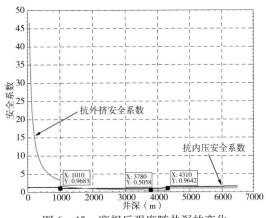

图6-45　磨损后强度随井深的变化

（φ244.5mm 和 φ250.8mm）

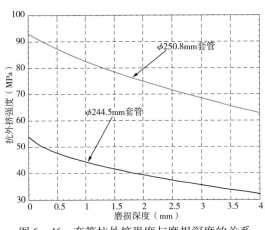

图6-46　套管抗外挤强度与磨损深度的关系

（φ244.5mm 和 φ250.8mm）

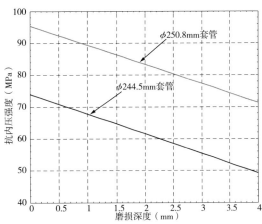

图6-47　套管抗内压强度与磨损深度的关系

（φ244.5mm 和 φ250.8mm）

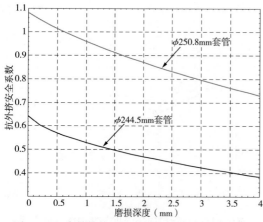

图 6-48 套管抗外挤安全系数与磨损深度的关系
（ϕ244.5mm 和 ϕ250.8mm）

图 6-49 套管抗内压安全系数与磨损深度的关系
（ϕ244.5mm 和 ϕ250.8mm）

（4）ϕ177.8mm 技术套管。

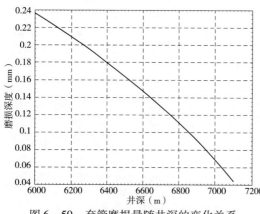

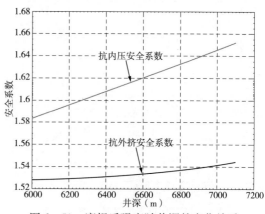

图 6-50 套管磨损量随井深的变化关系
（ϕ177.8mm）

图 6-51 磨损后强度随井深的变化关系
（ϕ177.8mm）

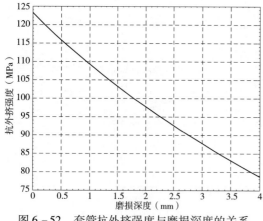

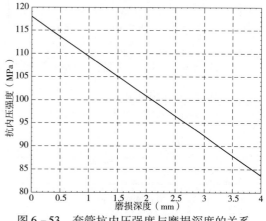

图 6-52 套管抗外挤强度与磨损深度的关系
（ϕ177.8mm）

图 6-53 套管抗内压强度与磨损深度的关系
（ϕ177.8mm）

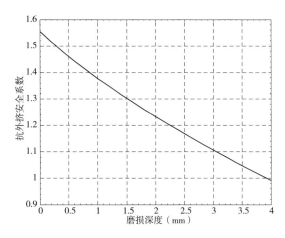

图6-54 套管抗外挤安全系数与磨损深度的关系
（φ177.8mm）

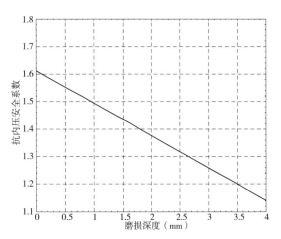

图6-55 套管抗内压安全系数与磨损深度的关系
（φ177.8mm）

3. 套管防磨措施

（1）钻杆耐磨带技术。

钻杆耐磨带技术的原理是在钻杆接头上加焊耐磨带。在传统碳化钨钻杆耐磨带技术基础上改进的美国安科耐磨带技术现已在油田广泛应用。这一新型的防磨技术是通过凸焊方式在钻杆的母接头上敷焊一层厚3mm、宽7mm左右的安科钻杆耐磨涂层，把钻杆和套管隔离，从而有效地保护套管和钻杆。由于美国安科耐磨带涂层的特殊耐磨性，在钻井过程中，可减少磨损85%～95%，并提高钻杆接头的寿命300%，同时降低井下钻具旋转扭矩，降低扭矩30%。此外，美国安科耐磨带涂层仅增加接头外径6mm左右，对于保持井眼清洁、避免井下复杂情况等均有较大作用，并适用于各种井。为了验证安科耐磨带材料的耐磨性能和对套管的保护性能，塔里木工程技术服务公司专门把敷焊有该种耐磨材料的钻杆接头委托西安管材研究所作磨损试验。该所根据塔里木探区钻井液体系的特点，选用了3种不同的介质进行试验，结果表明，敷焊了安科钻杆耐磨材料的钻杆接头在3种介质中均明显降低了对套管的磨损作用，对钻杆和套管具有良好的保护作用。

（2）使用防磨工具。

①非旋转保护套。

非旋转保护套防磨原理是通过在靠近钻杆接头的部位，安装一个聚氨酯等特殊材料制作的外径大于钻杆接头且耐磨的保护套，保护套用两个固定在钻杆上的卡箍定位，这样保护套在钻杆接头位置起到了支撑的作用，避免了钻杆接头和套管直接接触，使常规钻井情况下钻杆与套管的钢与钢硬磨损变为钻杆与保护套之间的软磨损（保护套不旋转），由于聚氨酯等材料的摩擦系数远低于钢，且同时又具有良好的耐磨性（聚氨酯的耐磨性能是铸铁的400～500倍），因此使用这种钻杆保护套可以大幅度降低钻柱的传递扭矩以及钻杆和套管的磨损。此类产品既可以应用于直井，也可应用于定向井和水平井。

②非旋转防磨接头。

非旋转防磨接头直接连接在钻柱上，在接头位置形成支撑，避免钻杆接头直接磨损套管，并通过外滑套和心轴之间的轴承来防止套管磨损，同时降低钻井扭矩。目前，此类工具在国内已得到推广应用，尤其在大位移水平井应用较多，但产品价格昂贵。

（3）增加钻井液的润滑性。

在允许的情况下，增加钻井液中重晶石粉含量，推荐其含量应超过 $100kg/m^3$，或者加入润滑剂、超细活化石墨粉或多元醇等润滑材料，减小摩擦系数，这样将使钻柱的旋转扭矩和拉力明显降低，从而减少磨损。

（4）严格控制井眼轨迹，控制好井斜和狗腿度。

严格控制井眼轨迹，在钻井过程中尽量把井打直，控制最大允许的狗腿度，其最终目标应使下入的第一层技术套管的狗腿度小于 $2°/100m$，更深层的狗腿度也不应大于 $6°/100m$。

（5）提高机械钻速，减少钻柱旋转时间和起下钻次数。

在钻井过程中，采取各种技术和措施提高机械钻速，以缩短钻井周期，如钻头类型的合理优选、高效钻头的应用、合理的钻井参数、提高钻速钻井工具的应用等，这样可以减少钻杆在技术套管中的旋转次数与起下钻次数，从而减少钻柱与套管的磨损。

总之，科学合理地选择与应用钻柱与套管防磨的技术方法，可以大大降低钻柱与套管的磨损，有利于井下安全，降低钻探成本，加快勘探进度。钻杆耐磨带技术和非旋转防磨保护套，现场使用方便，防磨效果良好，值得推广应用。

四、波动压力计算结果与分析

利用瞬态波动压力计算程序对 MOS1 井方案四的下套管波动压力进行了分析。计算中认为下套管是一个匀加速过程，套管底部为堵口管柱，分别计算了最大下套管速度为 $1m/s$、$1.5m/s$ 和 $2m/s$ 时各层套管的波动压力。计算结果如图 6-56 至图 6-59 和表 6-17 所示。根据地层破裂压力曲线，只要套管下入速度控制在 $2m/s$ 内，套管下入时不会引起地层破裂。

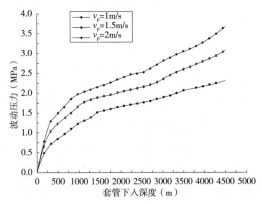

图 6-56　波动压力随套管下深的变化
（$\phi339.7mm$ 和 $\phi346.1mm$）

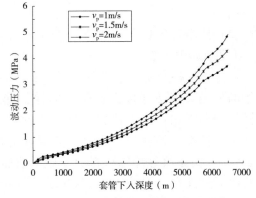

图 6-57　波动压力随套管下深的变化
（$\phi244.5mm$ 和 $\phi250.8mm$）

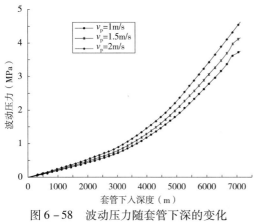

图 6 – 58　波动压力随套管下深的变化
（φ177.8mm）

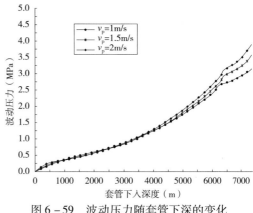

图 6 – 59　波动压力随套管下深的变化
（φ139.7mm）

表 6 – 17　MOS1 井套管下入时波动压力计算结果

套管层次 （mm）	套管下深 （m）	钻井液密度 （g/cm³）	稠度系数 k	流性指数 n	最大波动压力 （MPa）		
					$v_p = 1m/s$	$v_p = 2m/s$	$v_p = 3m/s$
φ339.7 + φ346.1	4500	1.35	0.36	0.68	2.31	3.07	3.69
φ244.5 + φ250.8	6500	2.25	0.60	0.74	3.72	4.32	4.92
φ177.8	7100	2.15	0.60	0.74	3.76	4.16	4.63
φ139.7	7380	2.15	0.60	0.74	3.15	3.57	3.90

五、套管抗卡瓦挤毁条件

根据井内套管柱类型、重量来选取所需套管卡瓦最小安全长度。计算结果见表 6 – 18。

表 6 – 18　套管抗卡瓦挤毁安全条件（按套管优化设计方案 2）

套管程序	尺寸 （mm）	长度 （m）	钢级	壁厚 （mm）	屈服强度 （MPa）	段重 （t）	累计重 （t）	卡瓦最小 长度 （mm）	卡瓦许用 安全长度 （mm）
技术 套管	339.7	2000	VM125HC	12.19	861.6	253.0	515.55	585	819
	346.1	2500	VM125HC	15.88	862.9	262.5	262.5	153	215
技术 套管	250.8	1000	VM125HC	15.88	860.7	93.5	529.9	505	707
	244.5	3300	VM125HC	11.99	861.5	230.8	436.4	612	857
	250.8	2200	VM125HC	15.88	860.7	205.6	205.6	123	173
油层 套管	177.8	6000	VM140HC	13.72	965.4	339.3	400.3	332	465
	139.7	1380	VM140HC	14.27	965.3	61.0	61.0	33	47
技术尾管	177.8	1100	VM140HC	13.72	965.4	62.2	62.2	30	42
油层尾管	127.0	1380	VM140HC	12.70	432.4 *	49.5	49.5	78	110

注：＊代表甲方提供套管材料屈服强度数据；累计重未考虑浮力，卡瓦许用安全长度取最小长度的 1.4 倍。

根据现有的卡瓦制造工艺水平，卡瓦的长度必须控制在一定范围以内。因此，上述所要求卡瓦的长度难以达到要求，当套管重量超过一定值时，需要改用吊卡下套管。当取卡瓦长度为270mm，卡瓦的许可承受套管轴向载荷见表6-19。

表6-19　套管卡瓦许用承载能力挤毁安全条件（按套管优化设计方案2）

套管程序	尺寸 （mm）	长度 （m）	钢级	壁厚 （mm）	屈服强度 （MPa）	段重 （t）	累计重 （t）	卡瓦最大 承受能力 （kN）	卡瓦许用 承载能力 （kN）
技术套管	339.7	2000	VM125HC	12.19	861.6	253.0	515.0	3073.8	2195.6
	346.1	2500	VM125HC	15.88	862.9	262.5	262.5	4019.1	2870.8
技术套管	250.8	1000	VM125HC	15.88	860.7	93.5	529.9	3615.1	2582.2
	244.5	3300	VM125HC	11.99	861.5	230.8	436.4	2722.4	1944.6
	250.8	2200	VM125HC	15.88	860.7	205.6	205.6	3615.1	2582.2
油层套管	177.8	6000	VM140HC	13.72	965.4	339.3	400.3	3050	2178.6
	139.7	1380	VM140HC	14.27	965.3	61.0	61.0	2798.6	1998.8
技术尾管	177.8	1100	VM140HC	13.72	965.4	62.2	62.2	3050	2178.6
油层尾管	127.0	1380	VM140HC	12.70	432.4*	49.5	49.5	1063.5	759.6

注：　*代表甲方提供套管材料屈服强度数据；累计重未考虑浮力；卡瓦最大承载能力为许用承载能力的1.4倍。套管套管卡瓦长度 $l = 270mm$，锥度小于等于1∶10。

参 考 文 献

[1] 曾义金，刘建立. 深井超深井钻井技术现状和发展趋势 [J]. 石油钻采工艺，2005，33（5）：66-69.

[2] 宋治，冯耀荣. 油井管与管柱技术及应用 [M]. 北京：石油工业出版社，2007.

[3] 魏文忠，赵金海，范兆祥，等. 胜利油田深井技术套管损坏原因分析及对策研究 [J]. 石油钻采工艺，2005，33（4）：88-92.

[4] 杨龙，林凯，韩勇，等. 深井、超深井套管特性分析 [J]. 石油钻采工艺，2003，25（3）：60-64.

[5] International Organization for Standardization. ISO/TR 10400-2007. Petroleum and natural gas industries - equations and calculations for the properties of casing, tubing, drill pipe and line pipe used as casing or tubing [S]. Geneva：ISO Copyright Office，2007.

[6] Pattillo，P D，Last N C，Asbill W T. Effect of non-uniform loading on conventional casing collapse resistance [J]. Journal of SPE Drilling & Completion，2004，19（3）：156-163.

[7] 史交齐，韩新利，赵克枫，等. 超深井偏梯形螺纹套管适用性研究 [J]. 石油机械，1998，26（11）：24-28.

[8] 史交齐，赵克枫，韩勇，等. 论油、套管螺纹泄漏抗力的确定和螺纹形式的选择 [J]. 石油钻采工艺，1997，19（6）：24-31.

[9] 于会媛，张来斌，樊建春. 深井超深井中套管磨损机理及试验研究发展综述 [J]. 石油矿场机械，2006，35（4）：4-7.

[10] 韩勇. 钻杆接头与套管摩擦磨损问题的理论与试验研究 [D]. 成都：西南石油大学，2001.

[11] Russell W. Hall, Jr., Kenneth P. Malloy. Contact pressure threshold: an important new aspect of casing wear [R], SPE 94300, 2005.

[12] 徐鸿麟. 油管钢高温高压 CO_2/H_2S 及 CO_2 腐蚀行为研究 [D]. 兰州：兰州大学，2005.

[13] 孙书贞. 普光气田开发井井身结构建议和生产套管材质优选 [J]. 钻采工艺，2007，30（2）：14－16.

[14] 何炽. 川西北地区超深井钻井的实践和认识 [J]. 钻采工艺，1998，21（6）：1－8.

[15] 中国国家石油和化学工业局. SY/T 5322—2000 套管柱强度设计方法 [S]. 北京：机械工业出版社，2001.

[16] 覃成锦，高德利，徐秉业. 含磨损缺陷套管抗挤强度的数值分析 [J]. 工程力学，2001，18（2）：9－12.

[17] 高连新，杨勇，张风锐. 套管内壁磨损对其抗挤毁性能影响的有限元分析 [J]，石油矿场机械，2000，29（3）：39－41.

[18] 李斌，杨智春，高智海. 非均布外压下含磨损缺陷套管的挤毁极限载荷分析 [J]. 西北工业大学学报，2002，20（4）：659－662.

[19] 韩建增，李中华，张毅，等. 磨损对套管抗挤强度影响的有限元分析 [J]. 天然气工业，2003，23（5）：51－53.

[20] Wu J, Zhang M G. Casing burst strength after casing wears [R]. SPE 94304，2005.

[21] 覃成锦，高德利，唐海雄，等. 南海流花超大位移井套管磨损预测方法 [J]. 石油钻采工艺，2006，28（3）：1－3.

[22] 董小钧，杨作峰，何文涛. 套管磨损研究进展 [J]. 石油矿场机械，2008，37（4）：32－36.

[23] Russell W. Hall, Kenneth P. Malloy. Contact pressure threshold: an important new aspect of casing wear [R], SPE 94300，2005.

[24] Wu J, Zhang M G. Casing burst strength after casing wear [R]. SPE 94304，2005.

[25] Jerry P. White, Rapier Dawson. Casing wear: laboratory measurements and field predictions [J]. Journal of SPE Drilling Engineering, March, 1987：56－62.

[26] Johancsik C A, Friesen D B, Rapier, Dawson. Torque and drag in directional wells – prediction and measurement [J]. Journal of Petroleum Technology, 1984, 36（6）：987－992.

[27] 曾德智，林元华，施太和，等. 磨损套管抗挤强度的新算法 [J]. 天然气工业，2005，25（2）：78－80.

[28] Yukihisa Kuriyama, Yasushi Tsukano, Toshitaro Mimaki, et, al. Effect of wear and bending on casing collapse strength [R]. SPE 24597，1992.

[29] 殷有泉，李平恩. 非均布载荷下套管强度的计算 [J]. 石油学报，2007，28（6）：138－141.

[30] Kelever F J, Stewart G. Analytical burst strength prediction of OCTG with and without defects [R]. SPE 48329，1998.

[31] 崔孝秉，张宏，韩新利，等. 卡瓦内悬挂管柱弹性承载能力与计算 [J]. 石油大学学报（自然科学版），1999，23（1）：62－65.

[32] 崔孝秉，张宏. 卡瓦内悬挂管柱承载能力分析 [J]. 石油学报，2000，21（1）：87－90.

[33] 周三平. 卡瓦内悬挂管柱的极限承载能力 [J]. 西安石油学院学报（自然科学版），2001，16（2）：50－54.

第七章 基于随机理论的套管失效风险评价方法

传统的套管强度设计与评价主要采用安全系数法进行。事实上，因生产工艺和技术检测手段局限，套管外挤力、内压力、弯矩、温度和过载等存在不确定性。同样，受制造工艺和技术水平限制，不同套管生产厂家生产出的套管质量参数如屈服强度、外径、壁厚、不圆度、不均度、残余应力等也存在随机性。由于不确定性因素难以避免，大量的未知因素及参数变化，用传统设计方法很难正确处理。为此，国外在20世纪90年代初中期提出了套管强度可靠性评价的QRA和LRFD方法，并在BP、Armco等大石油公司成功应用。采用风险与可靠性评价方法是国外钻井工程中对付具有不确定性因素问题的手段之一。国内在油井套管可靠性评价方面开展的研究较少，对于套管失效风险评价，强度模型的选取与不确定因素的考虑至关重要。本章以最新发展的套管强度计算模型为基础，根据结构可靠性理论和随机理论，建立了一种套管外挤强度和抗内压强度的失效风险评价方法。

现行的套管柱强度设计与校核方法中，采用安全系数法来评价套管柱的安全可靠性。在设计实践中，将套管强度与施加于套管上的外载视为确定量，它们是基本设计变量或设计参数的函数，对于所设计的套管柱，考虑到计算模型及设计变量和参数的不确定性可能引起的误差，引入一个安全系数加以处理，其基本准则为：

$$R_k > S_k \cdot n \tag{7-1}$$

式中　R_k——套管的确定性强度；

　　　S_k——套管确定应力；

　　　n——安全系数。

安全系数 n 是在大量设计实践的基础上得出的，反映了一定的统计特性，对于不同类型的井或不同的套管类型，安全系数取值有一个很大的变化范围。实践表明，这种安全系数既不能保证所设计套管的绝对安全，也无法给出套管柱具体的安全可靠程度，其不足之处主要表现在：

（1）把各种参数都当作定值，没有分析参数的随机变化特性。实际的工程设计中，无论是套管的强度与几何参数，还是套管所受的外载，均为随机变量，这是根本的不足。如目前海相碳酸盐岩沉积的三高气井，地层各种压力预测值存在较大的不确定性。

（2）安全系数没有与定量的套管可靠度联系。由于把设计参数视为定值，没有分析各种参数的离散程度对套管可靠度的影响，因而使套管的安全程度具有不确定性，所以安全系数的大小不能代表结构的可靠度。

（3）由于安全系数的确定没有经过理论分析，而只是根据经验确定，难免有较大的主观随意性，从可靠性的角度看，传统的安全系数偏大偏小的可能性都存在。套管类型很多，但具体到某种钢级某种尺寸的套管，其失效实例的历史资料有限，安全系数的选取缺乏确定性的依据。

（4）在钻井或生产过程中，套管柱由于磨损或腐蚀等产生缺陷，对于含缺陷的套管，其抗载能力必然下降，安全系数的实际值并不表明特定的安全水平。

在套管柱强度设计与评价中，不确定性因素难以避免，不能期望用一个单一的安全系数，对一切偶然事故均能用合理的方式提供保护。由于有大量的未知因素及参数变化，用传统设计方法存在不足。因此，如何分析不确定性因素的实际问题，以及如何做出正确的分析决策，就成为风险评价的主要内容。

第一节　套管失效风险评价方法的建立

一、套管的可靠度表达式

根据结构可靠性理论，把套管的承载能力、适用性能，使用寿命统称为套管功能。通常，描述套管功能状态的基本变量为随机变量，套管失效风险可表述为可靠度或失效概率，其表达式为：

$$P_r = P\left[Z = g\ (x_1,\ x_2,\ \cdots,\ x_n)\ >0\right] \qquad (7-2)$$

$$P_f = P\left[Z = g\ (x_1,\ x_2,\ \cdots,\ x_n)\ <0\right] \qquad (7-3)$$

式中　P_r——套管可靠度；

P_f——失效概率。

在大多数情况下，描述套管功能函数的基本变量为连续型随机变量，可以认为，功能函数 $Z = g\ (x_1,\ x_2,\ \cdots,\ x_n)$ 的分布函数为连续函数，故有：

$$P_f + P_r = 1 \qquad (7-4)$$

一般而言，描述套管状态的基本变量 x_i（$i=1,\ 2,\ 3,\ \cdots,\ n$）按其属性可归为两个基本变量，即强度随机变量 R 和载荷随机变量 S，得到：

$$R = R\ (x_{R_1},\ x_{R_2},\ \cdots,\ x_{R_n}) \qquad (7-5)$$

$$S = S\ (x_{S_1},\ x_{S_2},\ \cdots,\ x_{S_n}) \qquad (7-6)$$

式中　x_{R_i}——套管强度有关的变量；

x_{S_i}——载荷有关的变量。

这样便可将多个随机变量的问题变为二随机变量问题，取：

$$Z = R - S \qquad (7-7)$$

假设强度和载荷是两个独立的随机变量，且服从一定的概率分布。设强度 R 和 S 为一连续随机变量，其概率密度函数分别为 $f_R\ (R)$ 和 $f_S\ (S)$，根据前面定义，套管可靠度的表达式为：

$$P_r = P(Z > 0) = P(R - S > 0) \tag{7-8}$$

图 7 - 1 为套管强度与载荷强度干涉图。图中阴影部分表示两曲线的重叠部分，称为干涉区，是套管可能出现失效的区域，干涉区域面积越小，可靠度越高，反之，可靠度越低。根据应力 - 强度干涉理论，通过计算干涉区域出现概率的大小，进行套管失效风险的定量计算。假定强度 R 与载荷 S 相互独立，$f_R(R)$ 和 $f_S(S)$ 是两个独立的随机变量分布函数，根据 Z 的密度函数，可以计算套管的可靠度和失效概率分别为：

$$P_r = P(Z > 0) = \int_0^\infty f(Z)\,\mathrm{d}Z = \int_0^\infty \int_0^\infty f_R(Z+S)f_S(S)\,\mathrm{d}S\,\mathrm{d}Z \tag{7-9}$$

$$P_f = P(Z < 0) = \int_{-\infty}^0 f(Z)\,\mathrm{d}Z = \int_{-\infty}^0 \int_{-Z}^\infty f_R(Z+S)f_S(S)\,\mathrm{d}S\,\mathrm{d}Z \tag{7-10}$$

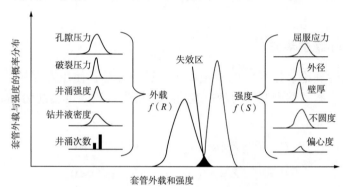

图 7 - 1　套管强度与载荷强度干涉图

二、套管抗外挤强度的概率分布

套管强度获取有两种方式：一种是通过破坏性实验获得；另一种通过模型计算。通过大量套管破坏实验数据统计分析发现，套管抗外挤强度大都服从正态分布。同时通过不同模型计算出的套管强度的预测精度，计算的套管抗外挤强度同样服从正态分布。两种方式均表明，套管抗外挤强度的大小存在随机性，套管强度服从某种概率分布。

通过破坏试验获取套管强度，需要对不同厂家某一种确定钢级、尺寸及壁厚的套管进行大量的试验，随着生产工艺的改进与提高，套管强度发生较大变化，历史数据的参考价值变小。而采用计算方法，通过测试值与预测值的对比，可选取预测精度较高的计算模型得以实现。通过现有计算模型对比，选用 Klever - Tomano 抗外挤强度模型作为套管抗外挤强度概率分布函数：

$$P_{cR} = \left[P_E + P_Y - \sqrt{(P_E - P_Y)^2 + H_t P_E P_Y} \right] \big/ \left[2(1 - H_t) \right] \tag{7-11}$$

$$P_E = \frac{2E}{(1 - v_c^2)} \frac{1}{(D/t)\left[(D/t) - 1\right]^2} \tag{7-12}$$

$$P_Y = \frac{2\sigma_Y \left[(D/t) - 1\right]}{(D/t)^2} \left[1 + \frac{1.5}{(D/t) - 1}\right] \tag{7-13}$$

$$H_t = 0.127o_v + 0.0039e_c - 0.44\frac{r_s}{\sigma_Y} + h_n \qquad (7-14)$$

式中　P_E——理想圆管的极限弹性挤毁压力，MPa；

　　　E——弹性模量，MPa；

　　　υ_c——泊松比；

　　　D——套管外径，mm；

　　　t——平均套管壁厚，mm；

　　　P_Y——理想圆管的极限屈服挤毁压力，MPa；

　　　σ_Y——套管屈服强度，MPa；

　　　o_v——套管不圆度；

　　　e_c——套管壁厚不均度；

　　　r_s——套管残余应力，MPa；

　　　h_n——应力应变曲线形状系数，对于调质钢套管，其值取为0.017。

如果考虑轴向应力 σ_z 的作用，套管屈服强度取的当量屈服极限为：

$$\sigma_{Ya} = \sigma_Y\left[\frac{\sigma_z}{2\sigma_Y} + \sqrt{1 - \frac{3}{4}\left(\frac{\sigma_z}{\sigma_Y}\right)^2}\right] \qquad (7-15)$$

式(7-11)至式(7-15)表明，套管抗外挤强度受到屈服强度 σ_Y、弹性模量 E、泊松比 υ_c、外径 D、壁厚 t、不圆度 o_v、不均度 e_c 和残余应力 r_s 的影响，这些参数均为生产质量测控数据，它不需要破坏套管，便于获取，不同厂家，其变化范围不同。根据套管厂家生产的统计数据分析，这些参数均遵循某种概率分布规律。

三、套管抗内压强度概率分布

套管抗内压强度可用3种形式表示：屈服强度、塑性破裂强度、裂纹扩展破裂强度。屈服强度表征套管本体达到屈服极限并开始发生塑性变形所需要的载荷，此时套管还保持抗内压载荷的完整性，管体的内压屈服强度可由 API 抗内压强度计算公式计算。塑性破裂强度是指套管材料发生塑性变形并完全破裂所需要的载荷，此时套管失去完整性，不再具有承压能力。裂纹扩展破裂强度是指由于内部裂纹（如 H_2S、CO_2 等腐蚀引起）扩展导致套管失效的强度。如果不考虑氢脆、腐蚀等因素引起套管内部裂纹的影响，套管本体在内压载荷作用下的破坏主要是塑性破裂。通过对比分析，Klever-Stewart 提出的套管塑性破坏内压强度模型具有较好的预测精度，选其作为套管内压强度概率分布函数：

$$P_{iR} = 2f_u(t_{min} - k_a a_N)\left[2^{-(n+1)} + 3^{-(n+1)/2}\right] / \left[D - (t_{min} - k_a a_N)\right] \qquad (7-16)$$

式中　P_{iR}——套管抗内压强度，MPa；

　　　f_u——套管拉伸屈服强度，MPa；

　　　k_a——内压强度系数，调质钢和13Cr材料的套管取1.0，其余取2.0；

　　　a_N——套管制造缺陷深度，mm，一般设为缺陷检测系统的下限值，即5%的套管壁厚；

n——套管材料应力—应变强度硬化因子，其取值可根据套管材料实际试验曲线或用
经验公式 $n = 0.169 - 0.000832 \times$ 材料屈服强度（ksi）；

D——套管外径，mm；

t_{min}——套管最小壁厚，mm。

四、套管外载的概率分布

在钻井与开发过程中，套管所受的外载主要与地层特征与作业压力密切相关，目前主要
通过地震勘探、测井、录井和取心等手段获得地层压力参数。一般认为，套管所受的外载服
从正态分布规律，可根据压力检测手段和技术水平来选取合适的变差系数。

第二节　套管安全可靠性评价实例

一、实例 1

根据前面建立的套管安全可靠性评价方法，采用 Monte - Carlo 模拟方法对外径
339.7mm、壁厚为 12.19mm 的 API P110 和 N80 套管本体抗外挤和抗内压强度特性进行了
分析。

通过计算机 100 万次的随机抽样计算，套管抗外挤强度和抗内压强度服从正态分布规
律，如图 7 - 2 和图 7 - 3 所示。按 API 套管强度计算公式，P110 套管本体的抗外挤强度
和抗内压强度分别为 16.1MPa 和 47.6MPa。为了便于和传统安全设计系数法进行对比，
假定套管所受的外载为定值。图 7 - 4 和图 7 - 5 分别为不同外载条件下套管挤毁和内压破
裂的失效概率。对于 P110 套管，当外挤压力为 16.1MPa，套管挤毁失效概率为 1.51×10^{-3}，即 10000 口井，约有 15 口井可能发生挤毁破坏；当内压力为 47.6MPa 时，套管破
裂失效概率为 5×10^{-6}，但此时套管的抗内压和抗外挤安全系数均为 1，表明传统的安全
系数法具有较高的安全可靠性。当套管外挤压力和内压力分别为 16.43MPa 和 48.57MPa
时，套管挤毁和内压破裂的失效概率分别为 3.18×10^{-3} 和 4.54×10^{-4}，套管仍具有较高
的安全可靠性。但是，用安全系数法，其抗外挤和抗内压安全系数为 0.98，套管是否发
生破坏很难评判。

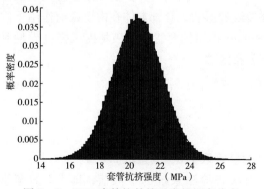

图 7 - 2　P110 套管抗外挤强度的概率分布

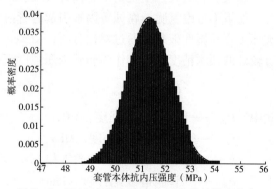

图 7 - 3　P110 套管本体抗内压强度的概率分布

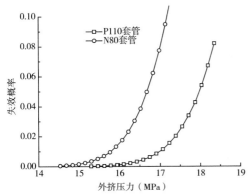

图 7 - 4　不同外挤压力条件下套管本体失效概率

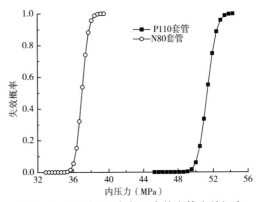

图 7 - 5　不同内压条件下套管本体失效概率

用基于可靠性理论建立的套管失效风险评价方法，不仅能对套管的安全可靠程度进行定量评价，还可建立失效概率与安全系数间的对应关系，如图 7 - 6 所示。由图可知，当抗外挤和抗内压安全系数相同时，套管挤毁和破裂的失效概率不同，比如安全系数等于 0.877 时，P110 套管挤毁和破裂的失效概率分别为 0.082 和 1，即相同的安全系数，其安全可靠程度却不同。对于不同的套管类型和外载条件，套管失效概率和安全系数之间存在不同的对应关系，用可靠性理论计算出的失效概率评价指标，可为安全系数的选取提供依据。

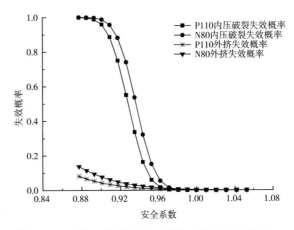

图 7 - 6　套管本体强度安全系数与失效概率关系

二、实例 2

本实例根据前面建立的地层信息不确定条件下套管可靠性评价的方法，对 YB102 井的尾管套管进行可靠性计算，并与安全系数法进行比较。

1. YB102 井基础资料

YB102 井为一口评价井，设计井深 7095m，实际完钻井深 6953m。井身结构如图 7 - 7 所示和套管数据见表 7 - 1。

表 7 - 1　YB102 井套管数据

套管类型	尺寸（mm）	壁厚（mm）	钢级	下入井段（m）
表层套管	339.7	12.19	P110TS	0 ~ 2051.65
技术套管 1	273.1	12.57	TN95HS	797.84 ~ 1920.61
	273.1	13.21	TP125S	0 ~ 797.84 1920.61 ~ 4009.00
技术套管 2	193.7	12.7	TN110HS	0 ~ 6407.5
油层尾管	139.7	10.16	SM2550 - 130	6205.45 ~ 6963.00

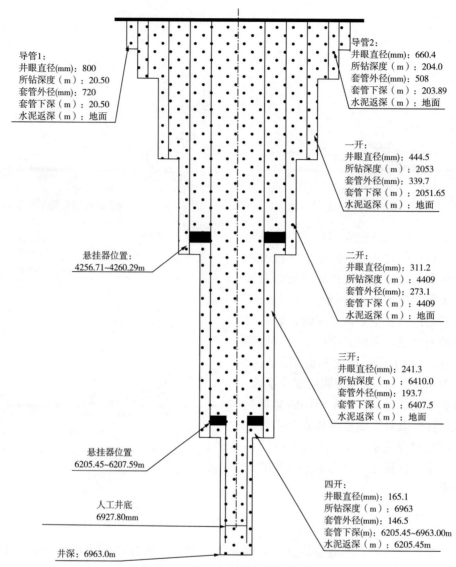

导管1：
井眼直径(mm)：800
所钻深度（m）：20.50
套管外径(mm)：720
套管下深（m）：20.50
水泥返深（m）：地面

导管2：
井眼直径(mm)：660.4
所钻深度（m）：204.0
套管外径(mm)：508
套管下深（m）：203.89
水泥返深（m）：地面

一开：
井眼直径(mm)：444.5
所钻深度（m）：2053
套管外径(mm)：339.7
套管下深（m）：2051.65
水泥返深（m）：地面

悬挂器位置：
4256.71~4260.29m

二开：
井眼直径(mm)：311.2
所钻深度（m）：4409
套管外径(mm)：273.1
套管下深（m）：4409
水泥返深（m）：地面

三开：
井眼直径(mm)：241.3
所钻深度（m）：6410.0
套管外径(mm)：193.7
套管下深（m）：6407.5
水泥返深（m）：地面

悬挂器位置
6205.45~6207.59m

人工井底
6927.80mm

四开：
井眼直径(mm)：165.1
所钻深度（m）：6963
套管外径(mm)：146.5
套管下深(m)：6205.45~6963.00m
水泥返深（m）：6205.45m

井深：6963.0m

图 7-7　YB102 井井身结构示意图

根据 YB102 井的测井资料进行地层压力信息的计算和分析，主要依据的测井资料包括密度测井、声波测井和自然伽马测井，处理后的测井曲线如图 7-8 所示。

2. YB102 井尾管套管可靠性评价

（1）含可信度的地层压力剖面。

通过密度测井数据和声波速度数据即可进行地层压力剖面的预测，得出具有可信度的各类地层压力剖面，如图 7-9 所示。

图 7-9 中，$p_{p.5\%}$ 代表累积概率为 5% 的地层孔隙压力曲线，同理，$p_{p.95\%}$ 代表累积概率为 95% 的地层孔隙压力曲线，从而这两条曲线构成了可信度为 90% 的地层孔隙压力剖面，即表示地层孔隙压力值落在此区间中的几率为 90%，与此类似，$p_{f.5\%}$ 表示累积概率为 5% 的地层破裂压力曲线，$p_{f.95\%}$ 表示累积概率为 95% 的地层破裂压力曲线。

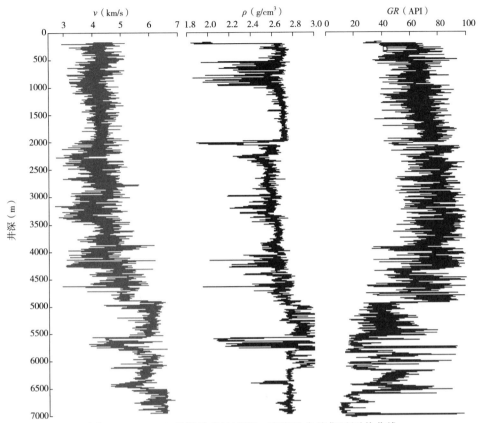

图 7 – 8　YB102 井测井声波速度、密度及自然伽马测井曲线

（2）尾管套管外载的不确定性描述。

将地层压力和地层破裂压力剖面数据代入套管外载计算表达式，用蒙特卡罗模拟法得到尾管套管外挤力和内压力的分布，如图 7 – 10 和图 7 – 11 所示。

以井深 $H = 6450m$ 处为例，尾管套管受到的外挤力和内压力的概率分布如图 7 – 12 和图 7 – 13 所示。

（3）尾管套管强度的不确定性描述。

根据建立的可靠性评价方法，对 YB102 井的尾管套管抗外挤强度和抗内压强度进行蒙特卡罗模拟，结果如图 7 – 14 和图 7 – 15 所示。

（4）尾管失效概率的计算。

根据前面建立套管安全可靠性评价方法、步骤和概率分布函数，采用 Monte – Carlo 模拟方法对尾管套管每个深度处的外挤失效概率和内压失效概率进行统计模拟，得到尾管套管外挤失效概率和内压失效概率随井深的分布，如图 7 – 16 和图 7 – 17 所示。

3. 可靠性计算方法与安全系数法的比较

由尾管套管外载的概率分布可以确定出某一深度处可能出现的最大外载，再用尾管套管的强度和该最大外载相除，则可得到尾管套管在该深度的安全系数，如图 7 – 18 和 7 – 19。由图 7 – 16 至图 7 – 19 可知，用可靠性方法计算出尾管套管具有较高的可靠度，和用安全系数法计算结果一致，都证明该尾管套管安全性较好。

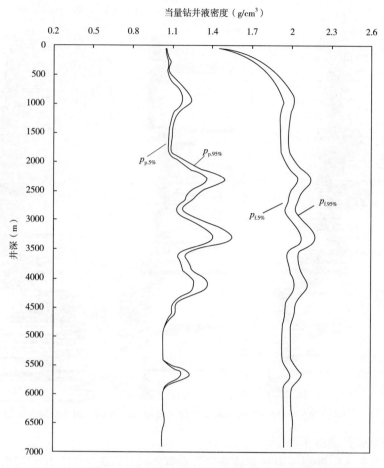

图 7 - 9　可信度为 90% 的地层压力剖面

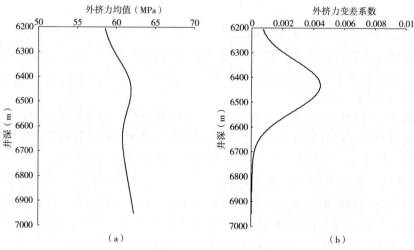

图 7 - 10　尾管套管外挤力参数随井深的分布

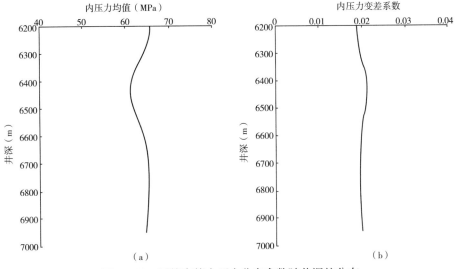

图 7-11 尾管套管内压力分布参数随井深的分布

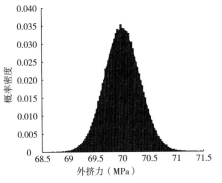

图 7-12 6450m 井深处尾管套管
外挤力概率分布

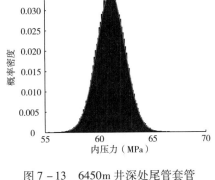

图 7-13 6450m 井深处尾管套管
内压力概率分布

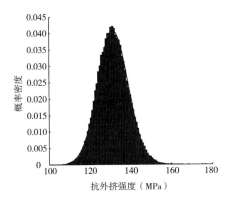

图 7-14 尾管套管抗外挤
强度的概率分布

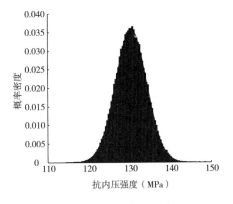

图 7-15 尾管套管抗内压
强度的概率分布

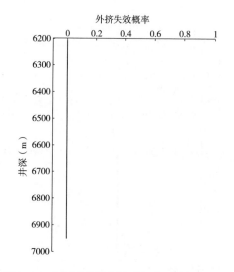

图7-16　尾管套管外挤失效概率随井深的分布

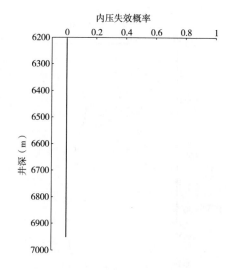

图7-17　尾管套管内压失效概率随井深的分布

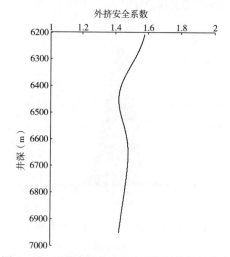

图7-18　尾管套管外挤安全系数随井深的分布

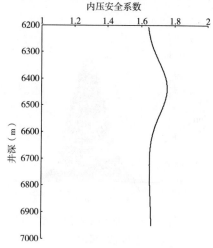

图7-19　尾管套管内压安全系数随井深的分布

通过上述分析可知：

（1）传统的安全系数套管强度评价方法把各种参数都当作定值，没有分析强度和外载的随机变化特性，安全系数没有经过理论分析，一般根据经验确定，难免有较大的主观随意性，无法根据其数值的大小对套管安全可靠度进行定量评价。

（2）根据套管质量参数与概率分布规律建立的套管外挤强度和内压强度的安全可靠性评价方法，可采用 Monte - Carlo 随机抽样法模拟套管强度的随机分布规律，得出不同载荷条件下套管失效概率，以及安全系数与套管失效概率之间的对应关系，可实现对套管的安全可靠程度进行定量评价。

（3）对于不同的套管类型和外载条件，套管失效概率和安全系数之间存在不同的对应关系，安全系数相同并不意味套管安全可靠度相同，用可靠性理论计算出的失效概率评价指标，可为传统安全系数的选取提供依据。

参 考 文 献

［1］ API Bulletin 5C3. Bulletin on formulas and calculations of casing, tubing, drill pipe and line properties ［S］. 6th edition. API Production Department, 1994.

［2］ Adams A J. QRA for Casing/Tubing Design ［C］. 1995 Seminar of Norwegian HPHT Program, Stavanger, January.

［3］ Lewis D B. Load and Resistance Factor Design for Oil Country Tubular Goods ［C］. Paper OTC 7936, Presented at the 1995 Offshore Technology Conference, Houston, 1 – 4 May.

［4］ Cunha J C, Demirdal B, Gui P. Use of quantitative risk analysis for uncertainty quantification on drilling operation review and lessons learned ［R］. SPE 94980, 2005.

［5］ 王国荣, 刘清友, 何霞. 套管可靠性寿命预测 ［J］. 天然气工业, 2002, 22（5）: 53 – 55.

［6］ 闫相祯, 高进伟, 杨秀娟. 用可靠性理论解析 API 套管强度的计算公式 ［J］. 石油学报, 2007, 28（1）: 122 – 126.

［7］ 何水清, 王善. 结构可靠性分析与设计 ［M］. 北京: 国防工业出版社, 1993.

［8］ 王建东, 史交齐, 林凯, 等. 套管抗挤强度的可靠性评价方法 ［J］. 石油工业技术监督, 2005, （11）: 36 – 38.

［9］ ISO/TR 10400: Petroleum and natural gas industries – equations and calculations for the properties of casing, tubing, drill pipe and line pipe used as casing or tubing ［S］. 2007. 12.

［10］ Klever F J, Tamano T. A new OCTG strengths equation for collapse under combined loads ［C, J］. SPE 90904, Proc. SPE Annual Technical Conference and Exhibition, Houston, TX, Sept., and SPE Drilling & Completion, Sept., 2006.

［11］ Klever F J. Formulas for rupture, necking and wrinkling for OCTG under combined loads ［R］. SPE 102585, 2006.

［12］ Adams A J, Parfitt S H L, Reeves T B, et al. Casing system risk analysis using structural reliability ［R］. SPE/ IADC 25693, 1993: 169 – 178.

［13］ Liang Q J. Application of quantitative risk analysis to pore pressure and fracture gradient prediction ［R］. SPE 77354, 2002.

［14］ Daniel Moos, Pavel Peska, Chris Ward. Quantitative risk assessment applied to pore pressure prediction ［P］. WO 2006/096772, World Intellectual Property Organization, 14 Sept., 2006.